SOMMAIRE
DE LA GÉOGRAPHIE
DES DIFFÉRENS AGES,

ET

TRAITÉ ABRÉGÉ
DE SPHÈRE ET D'ASTRONOMIE,

A L'USAGE DES MAISONS D'ÉDUCATION;

A. M. D. G.***

NOUVELLE ÉDITION.

A LYON,
CHEZ RUSAND, LIBRAIRE, IMPRIMEUR DU ROI.
A PARIS,
A LA LIBRAIRIE ECCLÉSIASTIQUE DE RUSAND,
RUE DE L'ABBAYE, N.º 3.

1823.

COLLECTION

DE CLASSIQUES

A L'USAGE

DE LA JEUNESSE.

OUVRAGES ÉLÉMENTAIRES.

TOME QUATRIÈME.

PRÉFACE.

CET Ouvrage, aussi bien que plusieurs autres du même genre, est destiné à quelques Maisons d'éducation, et adapté au plan d'études suivi dans ces Maisons. Ce plan ne consiste pas à faire tout apprendre à la fois, ni même à donner à chaque objet d'enseignement le même degré d'importance. Il n'est pas douteux que la langue française et les langues anciennes ne doivent faire, à raison de leur importance et de leur difficulté, le principal objet de l'enseignement, et remplir la très-grande partie des heures consacrées au travail. Il y a cependant d'autres sciences qui méritent qu'on dérobe, en leur faveur, quelques momens à

A

des études plus essentielles. De ce nombre sont la Géographie et la Sphère.

La Géographie n'est pas moins nécessaire à l'histoire que la Chronologie. Comme nous avons cru devoir réunir sous un même point de vue et présenter dans un *Tableau chronologique* les divers évènemens, isolés et comme dispersés, soit dans les Histoires particulières, soit dans les Auteurs classiques, tant latins que français ; il nous a paru utile d'en faire autant pour la Géographie, et d'offrir de même les principales divisions de la terre, réunies dans une espèce de Tableau auquel nous avons donné le titre de *Sommaire de la Géographie des différens âges*, parce qu'en effet il ne contient que ce que la Géographie ancienne et moderne a de plus essentiel.

Si la Géographie, ainsi réduite à un

simple Sommaire, paroît maigre et aride, ce ne sera, nous l'espérons, qu'aux yeux des personnes qui la considèreroient isolément et hors du plan dont elle fait partie. Pour en juger sainement, il est important de se souvenir que cet Abrégé n'est destiné qu'à des jeunes gens déjà initiés à l'étude de l'Histoire, déjà familiarisés avec la Géographie historique, et auxquels par conséquent presque chaque mot du *Sommaire* retrace des souvenirs intéressans (*). Et de plus, est-il bien difficile à un Maître instruit d'ajouter à l'intérêt de ses leçons, par les réflexions que la plupart des lieux lui donnent occasion de faire, tantôt sur l'histoire des révolutions d'un Etat, tantôt sur les mœurs des habitans, tantôt sur les

---

(*) Voyez la Préface du Tableau chronologique, ou celle de l'*Epitome Historiæ sacræ*.

productions de la terre, sur le commerce, etc. ? La sécheresse ici n'a donc rien de réel ; elle n'est qu'apparente, et elle ne l'est que pour ceux qui considèreroient l'ouvrage sous un faux point de vue.

Le Traité de Sphère et d'Astronomie est encore un Abrégé où nous avons essayé de réunir ce qu'il y a de plus utile et de plus curieux à savoir sur la Sphère , sur l'usage des Globes terrestre et céleste , sur les Astres , sur le Système du monde, sur les Éclipses, la Gnomonique, les Cartes géographiques, etc. etc. Ces divers objets forment autant de petits Traités , dans lesquels , sans perdre de vue la théorie, nous avons donné beaucoup à la pratique. Ces Traités sont nombreux, mais quelques-uns peuvent s'omettre entièrement; dans d'autres qui sont plus nécessaires , tels que celui

de la Sphère et des Globes, on peut sup-
primer une partie des problèmes. Ainsi, les
matières, quelque abondantes qu'elles paroissent, se resserreront sans peine, au
gré des Maîtres qui en feront usage. C'est à
eux à se souvenir qu'elles sont toutes plus
ou moins accessoires relativement à d'autres
études, et qu'ainsi ils ne doivent pas se
faire une loi indispensable de les présenter
toutes à leurs Elèves.

Une dernière observation à faire, c'est
que nous n'avons point prétendu dans ce
Livre élémentaire, ne rien dire que de nouveau, ou du moins d'une manière nouvelle :
au contraire, nous n'avons jamais manqué
de nous aider de tout ce qui s'est rencontré
de bon dans les Auteurs qui ont traité les
mêmes matières. C'est ainsi que pour la
connoissance de la Sphère, nous avons fait

usage de la méthode qu'a suivie *Lalande*, parce qu'elle nous à paru plus claire et plus naturelle que toutes les autres. Un tel aveu est dicté par la reconnoissance aussi bien que par la justice ; et il ne coûte rien à ceux qui, en écrivant, bornent toutes leurs prétentions à être utiles.

SOMMAIRE
DE LA GÉOGRAPHIE
DES DIFFÉRENS AGES.

NOTIONS PRÉLIMINAIRES.

La *Géographie* est la description de la terre et de ses différentes parties.

Il faut se figurer la terre comme un *globe* qui tourne sur son *axe*, de même qu'une orange tourneroit sur une longue aiguille qui la perceroit d'outre en outre. L'aiguille représente l'axe, et les deux points par où entre et sort l'aiguille, représentent les deux *pôles* de la terre.

Si, vers le milieu du jour, on tourne le dos au soleil, on a devant soi le *nord* ou *septentrion*, derrière soi le *sud* ou *midi*, à droite l'*est* ou *orient*, à gauche l'*ouest* ou *couchant*. Ce sont là les quatre points *cardinaux*. Il y en a quatre autres qui sont intermédiaires : le *nord-est*, le *nord-ouest*, le *sud-est*, le *sud-ouest*.

L'*Équateur* est un grand cercle tracé sur le globe, partout à une égale distance des deux pôles. Sa direction est d'orient en occident. Il est divisé en 360 parties qu'on appelle *degrés*.

Le *Méridien* est un grand cercle qui passe par les deux pôles. Sa direction est du nord au midi. Il y a plusieurs méridiens tracés sur le globe. Nous appelons *premier Méridien* celui qui passe à Paris : autrefois on donnoit ce nom à celui qui passe à l'île de Fer. Il est divisé en 360 degrés.

Chaque degré de l'Equateur et du Méridien est de 25 lieues.

La *longitude* d'un lieu est la distance de ce lieu au premier Méridien, exprimée en degrés. Quand on la compte du Méridien de Paris, elle est tantôt orientale et tantôt occidentale, selon que le lieu est à droite ou à gauche de ce Méridien. Quand on la compte du Méridien de l'île de Fer, c'est toujours d'occident en orient, c'est-à-dire de gauche à droite, en faisant, s'il le faut, le tour entier du globe.

La *latitude* d'un lieu est la distance de ce lieu à l'Equateur, exprimée en degrés. Elle est septentrionale ou méridionale, selon que le lieu est au dessus ou au dessous de l'Equateur.

La longitude se compte sur l'Equateur, ou sur les lignes parallèles à l'Equateur, telles que, sont celles qui traversent horizontalement les cartes géographiques.

La latitude se compte sur les Méridiens, tels que sont les lignes qui traversent verticalement les cartes géographiques.

Les degrés de longitude sont marqués sur les deux lignes horizontales qui terminent les cartes par le haut et par le bas.

Les degrés de latitude sont marqués sur les deux lignes verticales qui terminent les cartes par les côtés.

Les *Cartes géographiques* représentent la surface du globe terrestre, en tout ou en partie.

On appelle *Mappemondes* celles qui représentent toute la surface du globe terrestre, partagée en deux moitiés égales ou *hémisphères*.

On appelle *Cartes générales*, celles qui contiennent quelque grande partie de la terre, telle que l'Europe, etc.

On appelle *Cartes particulières*, celles qui contiennent seulement un état, une province, un département, etc.

Les cartes particulières ont ordinairement une *échelle* ou ligne divisée en un certain nombre de parties qui représentent des lieues, des milles, etc. La *lieue* commune est de 2283 toises : vingt-cinq de ces lieues font un degré de l'Equateur ou du Méridien terrestre. Le *mille* français vaut presque un quart de lieue : il en faut 112 et demi pour un degré.

Pour trouver sur la carte la distance d'une ville à une autre, on pose les deux pointes du compas sur les deux villes; puis reportant sur l'échelle la même ouverture du compas, on compte autant de lieues, de milles, etc. qu'il se trouve de parties de l'échelle entre les deux pointes. Si l'échelle est trop courte, on en porte, avec le compas, la longueur entre les deux villes, autant de fois qu'il est besoin pour aller de l'une à l'autre. Quand une carte n'a pas d'échelle, les degrés du Méridien peuvent en tenir lieu.

Le globe terrestre se divise en terre et en eau.

Le *continent* ou *terre ferme* est une grande étendue de terre qui comprend plusieurs régions, lesquelles ne sont pas séparées par des mers.

L'*île* est une portion de terre entièrement environnée d'eau.

La *presqu'île* ou *péninsule*, anciennement *Chersonèse*, est une terre presque environnée d'eau, et qui ne tient au continent que par un seul endroit.

L'*isthme* est une portion de terre resserrée entre deux mers, qui unit une presqu'île au continent.

Le *pas* ou *défilé* est un passage étroit entre deux montagnes.

Le *cap* ou *promontoire* est une portion de terre élevée comme une montagne, et fort avancée dans la mer.

Le *golfe* ou *baie* est une portion de mer qui s'avance considérablement dans la terre.

Le *détroit* est une portion de mer resserrée entre deux terres.

L'*archipel* est un endroit de la mer où il y a beaucoup d'îles.

Le *lac* est une grande étendue d'eau, au milieu des terres, et qui ne tarit jamais.

La *droite* ou la *gauche* d'une rivière est la droite ou la gauche d'une personne qui descend vers son embouchure.

La terre se divise en deux grandes étendues, qu'on appelle *Continens*.

L'ancien Continent renferme l'Europe, l'Asie et l'Afrique ; le nouveau Continent, inconnu aux anciens, renferme l'Amérique.

MERS ET GOLFES.

Les principales mers sont :

1.º L'Océan, qui baigne les quatre parties du monde. Il s'appelle :

Au nord de l'Europe, mer Glaciale ;

Au midi de l'Asie, mer des Indes, autrefois mer Erythrée ;

Entre l'Europe et l'Amérique, mer du Nord ;

Entre l'Afrique et l'Amérique, Océan Atlantique ;

Entre l'Asie et l'Amérique, mer du Sud, ou mer Pacifique.

Les dépendances de l'Océan sont :

La mer Blanche, la mer Baltique, le Golfe du Mexique, le golfe Persique, la mer Rouge, autrefois golfe d'Arabie ;

2.º La Méditerranée, entre l'Europe et l'Afrique.

Les dépendances de la Méditerranée sont :

Le golfe de Venise, autrefois mer Adriatique ;

La mer de Marmara, autrefois Propontide ;

La mer Noire, autrefois Pont-Euxin ;

La mer d'Azof, autrefois Palus-Méotides ;

L'Archipel, autrefois mer Egée ;

3.º La mer Caspienne, autrefois mer d'Hyrcanie ;

4.º La mer Morte, autrefois lac Asphaltite.

DÉTROITS, CAPS, ISTHMES
ET PRESQU'ILES.

Les principaux détroits sont :

1.º En Europe, le Sund, entre la Suède et le Danemarck;

Le Pas-de-Calais, entre la France et l'Angleterre;

Le Phare de Messine, entre les fameux écueils de Charybde et de Scylla;

Le détroit de Gibraltar, entre les montagnes dites autrefois Colonnes d'Hercule;

L'Euripe, entre la province d'Attique et l'île d'Eubée;

Le Détroit des Dardanelles, autrefois Hellespont, entre Sestos et Abydos;

Le détroit de Constantinople, autrefois Bosphore de Thrace;

2.º En Asie, le détroit de Malaca, et celui de la Sonde, dans la mer des Indes;

3.º En Afrique, le détroit de Babel-Mandel, qui unit la mer Rouge à la mer des Indes;

4.º En Amérique, le détroit de Bhéring ou du Nord, qui sépare l'Asie de l'Amérique.

Les principaux caps sont :

En Europe, le cap Finistère et le cap Nord;

En Afrique, le cap Vert et le cap de Bonne-Espérance;

En Asie, le cap Comorin, etc.

Les principaux isthmes sont :

Ceux de Corinthe, en Grèce; de Suez, en Egypte; de Panama, en Amérique.

Les presqu'îles les plus remarquables sont :

Le Jutland, autrefois Chersonèse Cimbrique, à l'entrée de la mer Baltique ;

La Morée, autrefois Péloponèse, dans la Méditerranée ;

La Chersonèse de Thrace, entre la Méditerranée et la mer de Marmara ;

La Crimée, autrefois Chersonèse Taurique, au nord de la mer Noire ;

La presqu'île occidentale des Indes ;

La presqu'île orientale des Indes.

EUROPE.

L'Europe peut se diviser en neuf parties principales :

1.º La France, avec les Pays-Bas, la Suisse et la Savoie.

2.º L'Espagne, avec le Portugal.

3.º L'Italie.

4.º L'Allemagne, avec la Bohême et la Hongrie.

5.º L'Angleterre, avec l'Ecosse et l'Irlande.

6.º La Pologne.

7.º La Scandinavie qui renferme la Suède, le Danemarck et la Norwége.

8.º La Russie.

9.º La Turquie d'Europe.

FRANCE,

Pays - Bas , Suisse et Savoie.

La France, aussi bien que la plupart des autres contrées de l'univers , s'est trouvée diversement partagée à différentes époques.

Elle porta d'abord le nom de Gaules ; et, sous ce nom, elle comprenoit une partie des Pays-Bas, de la Suisse et de la Savoie.

Ses principaux peuples étoient :

Les Bataves	aujourd'hui Hollande.
Les Trévères	Trèves.
Les Nerviens . . . . . . Flandre et Brabant.
Les Atrébates . . . . Artois.
Les Morins ⎫	
Les Ambianois ⎬ . . . . Picardie.	
Les Véromanduens ⎭	
Les Rémois ⎫	
Les Sénonois ⎬ . . . . Champagne.	
Les Bellovaques ⎫	
Les Parisiens ⎬ . . . . . . Ile de France.	
Les Carnutes ⎭	
Les Vénètes ⎫	
L'Armorique ⎬ . . . . Bretagne.	
Les Bituriges. . . . . Berri.	
Les Lémovices . . . . Limosin.	
La Novempopulanie . . . . . . Gascogne.	
Les Cadurces . . . . Querci.	
Les Helviens ⎫	
Les Volces ⎬ . . . . Languedoc.	

Les Arvernes	Auvergne.
Les Ségusiens	Lyonnais.
Les Eduens	Bourgogne.
Les Séquanois	Franche-Comté.
Les Helvétiens	Suisse.
Les Allobroges	Savoie et Dauphiné.

Sous les Romains, la Gaule étoit divisée en quatre parties principales, savoir :

1.º La Narbonnaise, qui comprenoit les provinces méridionales, depuis les Alpes jusqu'à la Garonne : les villes les plus remarquables étoient Narbonne, Nîmes, Marseille et Vienne.

2.º L'Aquitaine, entre la Loire et l'Océan (*) : villes remarquables, Bordeaux, Bourges.

3.º La Lyonnaise ou Celtique occupoit le milieu de la Gaule : ses villes étoient Lyon, Autun, Sens, Chartres, Soissons, Lutèce, aujourd'hui Paris.

4.º La Belgique, au nord : principales villes, Reims, Trèves.

Enlevée aux Romains par les Francs, la Gaule prit le nom de France, et se trouva, sous la première race de nos Rois, tantôt réunie sous un seul prince, tantôt divisée en royaumes de Paris, de Soissons, d'Orléans, de Bourgogne, de Neustrie, aujourd'hui Normandie, et d'Austrasie, c'est-à-dire France orientale. Avant la révolution, elle étoit composée de trente-deux provinces ou gouvernemens, ainsi disposées :

Six à l'Orient, savoir :

1.º L'Alsace : ville principale, Strasbourg.
2.º La Lorraine, — Nanci, Metz.

(*) Avant César, elle ne s'étendoit pas au nord de la Garonne.

3.º La Franche-Comté, — Besançon.
4.º La Bourgogne, — Dijon.
5.º Le Lyonnais, — Lyon.
6.º Le Dauphiné, — Grenoble.

Cinq au Midi, savoir :

1.º La Provence, — Aix, Arles, Marseille, Avignon, Toulon.
2.º Le Languedoc, — Toulouse, Montpellier, Nîmes.
3.º Le Roussillon, Perpignan.
4.º Le Comté de Foix, Foix.
5.º Le Béarn, Pau.

Cinq à l'Occident, savoir :

1.º La Guienne, Bordeaux, Bayonne.
2.º La Saintonge, — Saintes.
3.º L'Aunis, — la Rochelle.
4.º Le Poitou, — Poitiers.
5.º La Bretagne, — Rennes, Nantes, Brest.

Quatre au Nord, savoir :

1.º La Normandie, — Rouen, Caen, le Havre
2.º La Picardie, — Amiens, Abbeville.
3.º L'Artois, — Arras.
4.º La Flandre Française, — Lille, Dunkerque

Douze au milieu, savoir :

1.º La Champagne, — Troyes, Reims, Sens.
2.º Le Nivernais, — Nevers.
3.º Le Bourbonnais, — Moulins.
4.º L'Auvergne, — Clermont.
5.º Le Limosin, — Limoges.

6.º L

6.º La Marche, — Guéret.

7.º Le Berri, — Bourges.

8.º La Touraine, — Tours.

9.º L'Anjou, — Angers.

10.º Le Maine, — le Mans.

11.º L'Orléanais, — Orléans.

12.º L'Ile de France, — Paris, qui est aussi la capitale de toute la France.

Enfin, la France est aujourd'hui partagée en quatre-vingt-six départemens, ainsi disposés :

Le Nord : préfecture, Lille.

Le Pas-de-Calais, — Arras.

La Somme, — Amiens.

La Seine-Inférieure, — Rouen.

5 L'Oise, — Beauvais.

L'Aisne, — Laon.

Les Ardennes, — Charleville.

La Meuse, — Bar-le-Duc.

La Moselle, — Metz.

10 Le Bas-Rhin, — Strasbourg.

La Meurthe, — Nanci.

Les Vosges, — Epinal.

La Haute-Marne, — Chaumont.

La Marne, — Châlons.

15 Seine-et-Marne, — Melun.

La Seine, — Paris.

Seine-et-Oise, — Versailles.

L'Eure, — Evreux.

Le Calvados, — Caen.

20 La Manche, — Saint-Lô.

L'Ille-et-Vilaine, — Rennes.

Les Côtes-du-Nord, — Saint-Brieux.

Le Finistère, — Quimper.

Le Morbihan, — Vannes.

B

25 La Loire-Inférieure, — Nantes.
Mayenne-et-Loire, — Angers.
Indre-et-Loire , — Tours.
Mayenne, — Laval.
L'Orne, — Alençon.
30 La Sarthe, — Le Mans.
Le Loir-et-Cher, — Blois.
L'Eure-et-Loir, — Chartres.
Le Loiret, — Orléans.
L'Yonne, — Auxerre.
35 L'Aube, — Troyes.
La Côte-d'Or, — Dijon.
La Haute-Saône, — Vesoul.
Le Haut-Rhin, — Colmar.
Le Doubs , — Besançon.
40 Le Jura , — Lons-le-Saunier.
L'Ain, — Bourg.
Saône-et-Loire, — Mâcon.
La Nièvre, — Nevers.
Le Cher, — Bourges.
45 L'Indre, — Château-Roux.
La Vienne, — Poitiers.
Les Deux-Sèvres, — Niort.
La Vendée, — Bourbon-Vendée.
La Charente-Inférieure, — Saintes.
50 La Charente, — Angoulême.
La Haute-Vienne, — Limoges.
La Creuse, — Guéret.
L'Allier, — Moulins.
Le Puy-de-Dôme, — Clermont.
55 La Loire, — Montbrison.
Le Rhône, — Lyon.
L'Isère, — Grenoble.
Les Hautes-Alpes, — Gap.
La Drôme, — Valence.
60 L'Ardèche, — Privas.

La Haute-Loire, — Le Puy.
Le Cantal, — Aurillac.
La Corrèze, — Tulle.
La Dordogne, — Périgueux.
65 La Gironde, — Bordeaux.
Lot-et-Garonne, — Agen.
Le Lot, — Cahors.
Tarn-et-Garonne, — Montauban.
Le Tarn, — Alby.
70 L'Aveyron, — Rhodez.
La Lozère, — Mende.
Le Gard, — Nîmes.
Vaucluse, — Avignon.
Les Basses-Alpes, — Digne.
75 Le Var, — Brignoles.
Les Bouches-du-Rhône, — Marseille.
L'Hérault, — Montpellier.
L'Aude, — Carcassonne.
Les Pyrénées-Orientales, Perpignan.
80 L'Ariége, — Foix.
La Haute-Garonne, — Toulouse.
Le Gers, — Auch.
Les Landes, — Mont-de-Marsan.
Les Basses-Pyrénées, — Pau.
85 Les Pyrénées, — Tarbes.
La Corse, — Ajaccio.

Les principaux ports de France sont:
1.º *Sur l'Océan:*

Dúnkerque,	Le Havre,	Brest,
Calais,	Cherbourg,	La Rochelle,
Boulogne,	Saint-Malo,	Rochefort,
Dieppe,	Lorient,	Bordeaux.

2.º *Sur la Méditerranée:*

Cette,	Marseille,	Toulon.

Les Pays-Bas renfermoient dix-sept provinces.

Les huit provinces du Nord : la Hollande, la Zélande, etc. autrefois Batavie, formèrent, en secouant le joug de l'Espagne, la république des Provinces-Unies. Principales villes : Amsterdam, capitale, Leyde, la Haie, Rotterdam, Utrecht, Nimègue, etc.

Les autres provinces, le Brabant, la Flandre, le Haynaut, etc., après avoir passé de l'Espagne à l'Autriche, et de l'Autriche à la France, sont aujourd'hui réunies aux précédentes, sous le titre de Royaume des Pays-Bas. Villes remarquables : Bruxelles, Anvers, Louvain, Malines, Gand, Bruges, Mons, Luxembourg, Maestricht, Namur, etc.

La Suisse, autrefois Helvétie, est une république composée, dans son origine, de treize, et aujourd'hui de vingt-deux cantons confédérés, dont les villes principales sont Berne, Bâle, Zurich, Fribourg, Genève, etc.

La Savoie est l'ancien pays des Allobroges; ses ducs sont devenus rois de Sardaigne. Elle a pour capitale Chambéri.

ESPAGNE ET PORTUGAL.

L'Espagne étoit divisée sous les Romains en trois grandes provinces :

1.º Au nord, la Tarragonaise : villes principales, Tarragone, Sagonte, Numance.

2.º Au midi, la Bétique : — Cordoue, Carthagène, *Hispalis*, aujourd'hui Séville ; *Gades*, aujourd'hui Cadix.

3.º A l'occident, la Lusitanie, aujourd'hui royaume de Portugal.

Les Visigoths enlevèrent l'Espagne aux Romains, et les Maures aux Visigoths. Ceux-ci la reconquirent peu à peu, et y fondèrent les royaumes des Asturies, de Léon, d'Aragon et de Castille. Ces royaumes d'abord séparés, puis réunis, s'agrandirent des anciens royaumes maures de Valence, de Murcie et de Grenade, et de celui de Navarre. Ils forment, avec les provinces de Catalogne, de Biscaye, de Galice, de Nouvelle-Castille et d'Andalousie, le royaume actuel d'Espagne. Principales villes : Madrid, capitale ; Compostelle, Saragosse, Barcelonne, Séville, Tolède, Cadix, Gibraltar, etc.

Le Portugal a pour capitale Lisbonne ; ses autres villes sont Brague, Coimbre, Porto, etc.

ITALIE.

L'Italie étoit anciennement divisée en trois parties principales, savoir :

1.º Au midi, la grande Grèce, peuplée par des colonies grecques, où étoient le Brutium, la Lucanie, l'Apulie, etc. Villes remarquables, Crotone, Sybaris, Tarente, Cannes, Brindes.

2.º Au milieu, l'Italie propre, qui renfermoit le Samnium, la Campanie, le Latium, la Sabinie, l'Etrurie. Villes principales, Rome, Albe, Capoue, Véies, Cumes, Rimini, etc.

3.º Au nord, la Gaule-Cisalpine, habitée en partie par des colonies gauloises ; depuis la conquête qu'en firent les Lombards, elle est connue sous le nom de Lombardie. Villes remarquables : Milan, Turin, Ravenne, Aquilée.

L'Italie, dans les siècles derniers, se trouva divisée en plusieurs petites souverainetés dont les principales furent :

1.º Le duché de Parme et de Plaisance ;

2.º La république de Gênes, autrefois Ligurie ;

3.º Les duchés de Milan, de Mantoue, de Modène ;

4.º La république de Venise ;

5.º Le royaume de Naples ;

6.º Le Piémont : capitale, Turin ;

7.º La Toscane, autrefois Etrurie ; capitale, Florence ;

8.º L'Etat Ecclésiastique : capitale, Rome, qui l'est encore aujourd'hui du Monde chrétien, après l'avoir été du Monde païen durant plusieurs siècles.

Autres villes remarquables : Ravenne, Ferrare, Bologne, Ancône, Lorette, etc.

De tous ces états, il reste maintenant :

Au midi, le royaume de Naples ;
Au milieu, l'Etat Ecclésiastique ;
Vers le nord, le Piémont et Gênes , aux rois de Sardaigne.

Tout le reste de l'Italie septentrionale a passé à la Maison d'Autriche. Principales villes : Milan, Florence , Livourne , Mantoue , Ferrare , Bologne , Venise , Padoue , Trieste , Trente.

ALLEMAGNE, BOHÈME ET HONGRIE.

L'Allemagne porta d'abord le nom de Germanie.

La Germanie étoit habitée par un grand nombre de peuples. Vers le nord, on trouvoit les Cimbres, les Teutons, les Vandales, les Hérules, les Goths, les Lombards, les Anglais et les Saxons ; vers le Rhin, les Francs, les Bourguignons et les Allemands ; du côté du midi, la Germanie ne s'étendoit pas au delà du Danube.

La Germanie, conquise par les Allemands, prit le nom d'Allemagne, et le titre d'Empire. Elle fut, dans les derniers siècles, divisée en neuf cercles ou provinces, qui renfermoient chacune plusieurs états souverains, ou villes libres et impériales, tous confédérés pour la défense commune, sous la protection du chef de l'empire.

Au nord, trois Cercles :

1.º Haute - Saxe, — villes principales, Dresde, Leipsick , Berlin.

2.º Basse - Saxe, — villes, Hambourg, Brême, Lubeck.

3.º Westphalie, — villes, Liége, Munster, Cassel, Aix-la-Chapelle.

Au milieu, trois Cercles :

1.º Bas-Rhin, — villes principales, Trèves, Cologne, Mayence.

2.º Haut-Rhin, — ville, Francfort-sur-le-Mein.

3.º Franconie, — ville, Nuremberg.

Au midi, trois Cercles :

1.º Souabe, — villes principales, Ulm, Ausbourg.

2.º Bavière, — villes, Munich, Ratisbonne.

3.º Autriche, autrefois Norique et Rhétie, — ville principale, Vienne, qui étoit aussi la capitale de toute l'Allemagne.

L'Allemagne a perdu, au commencement de ce siècle, son ancienne constitution, et le titre d'Empire qu'elle portoit depuis mille ans.

Ses principaux états sont maintenant :

1.º Le royaume de Saxe, — villes principales, Dresde, capitale; Leipsick.

2.º Le royaume de Bavière, — Munich, capitale; Ratisbonne, Ausbourg, Passau.

3.º Le royaume de Wurtemberg, — Stuttgard, capitale.

4.º Le pays d'Hanovre, patrimoine des Rois d'Angleterre, — villes principales, Hanovre, Brunswick.

5.º Le royaume de Prusse, — Berlin, capitale; Brandebourg, Kœnigsberg, Breslau, Erfort.

6.º L'empire d'Autriche, — Vienne, capitale; Lintz.

A cet empire sont annexées la Bohème et la Hongrie qui, après avoir long-temps eu des rois particuliers, passèrent à la maison d'Autriche.

La Bohème fut habitée d'abord par les Boïens, Gaulois d'origine, qui lui donnèrent son nom; puis par les Marcomans, et enfin par les Esclavons. Capitale, Prague.

La Hongrie, autrefois Pannonie, prit son nom des Hongrois qui, après l'avoir ravagée, s'y établirent. Ancienne capitale, Bude; nouvelle capitale, Presbourg.

ANGLETERRE, ÉCOSSE ET IRLANDE.

L'Angleterre, autrefois Bretagne, fut subjuguée par les Anglais, qui lui donnèrent leur nom, et y fondèrent sept royaumes, qui depuis furent réunis en un seul.

Principales villes, Londres, capitale; Yorck, Lancastre, Bristol, Oxford, Cambridge, Cantorbéry.

Principaux ports, Portsmouth, Yarmouth, Plymouth, Douvres.

L'Ecosse, autrefois Scotie, eut pour premiers habitans les Pictes, puis les Scots qui fondèrent le royaume d'Ecosse. Édimbourg, capitale; Glascow.

L'Irlande, autrefois Hibernie, a pour capitale Dublin.

Principales villes, Corck, Limérick.

Ces trois états composent aujourd'hui le royaume des Iles Britanniques.

POLOGNE.

La Pologne faisoit partie de l'ancienne Sarmatie. Elle étoit divisée, sous ses rois, en trois parties principales :

1.º La Grande-Pologne ; capitale, Varsovie, qui l'étoit aussi de tout le royaume.

2.º La Petite-Pologne ; capitale, Cracovie.

3.º La Lithuanie ; capitale, Wilna.

La Pologne, sur la fin du dernier siècle, a cessé de former un état indépendant ; elle a été démembrée, et partagée entre l'Autriche, la Russie et la Prusse.

A l'Autriche échut la Petite-Pologne ; la Russie eut la Lithuanie et toute la partie orientale de la Pologne ; enfin la Prusse s'empara d'une partie de la Grande-Pologne.

SCANDINAVIE.

Sous l'ancien nom de Scandinavie, sont compris les trois royaumes du nord de l'Europe :

1.º La Suède ; principales villes, Stockholm, capitale ; Upsal, Calmar, Gothembourg.

2.º Le Danemarck ; principales villes, Copenhague, capitale ; et Elseneur, dans l'île de Séeland ; Sleswick, dans le Jutland.

3.º La Norwége ; capitale Christiania. Ce royaume, uni au Danemarck depuis plusieurs siècles, vient de passer à la Suède.

C'est de la Scandinavie que sont sortis les Normands. Au nord, on trouve la Laponie.

RUSSIE.

La Russie faisoit partie de la Sarmatie. Dans les derniers siècles, elle portoit le nom de Moscovie, de Moscou son ancienne capitale. Aujourd'hui sa capitale est Pétersbourg.

Les autres villes de ce vaste empire sont, au nord Cronstadt, Riga, Archangel, etc.; au milieu Smolensko, Mohilow; au midi Cherson, Caffa, etc.

TURQUIE D'EUROPE.

La Turquie d'Europe se divise en partie septentrionale et partie méridionale.

La partie septentrionale comprend les anciennes provinces dites :

1.º La Dacie, aujourd'hui Moldavie.
2.º La Mœsie, aujourd'hui Bulgarie et Servie.
3.º L'Illyrie, aujourd'hui Dalmatie.
4.º L'Epire, aujourd'hui Albanie, qui étoit partagée entre les Chaoniens et les Molosses.
5.º La Macédoine qui a conservé son nom.
6.º La Thrace; aujourd'hui Romanie.

On trouvoit en Epire Dodone, Actium, Dyrrachium; en Mœsie, Sardique, aujourd'hui Sophie; en Macédoine, Pella, ancienne capitale; Philippes, Thessalonique; en Thrace, Bysance, aujourd'hui Constantinople, capitale de l'Empire ottoman.

Autres villes aujourd'hui remarquables : Andrinople, Belgrade, Scutari, Gallipoli.

La partie méridionale comprend l'ancienne Grèce, aujourd'hui Livadie ; et le Péloponèse, aujourd'hui Morée.

Dans la Grèce proprement dite étoient :

1.º L'Attique : villes principales, Athènes, aujourd'hui Sétines ; Eleusis, Marathon.
2.º La Béotie, — Thèbes, Platée, Aulide.
3.º La Phocide, — Delphes.
4.º La Thessalie, Pharsale.
5.º L'Etolie, l'Acarnanie, la Doride, la Locride, la Mégaride, etc.

Les Montagnes du Parnasse, du Pinde et de l'Hélicon ; les fleuves du Permesse, du Pénée et du Styx ; la forêt de Dodone, la vallée de Tempé, le défilé des Thermopyles, etc., sont des lieux célèbres chez les historiens et les poëtes de l'antiquité.

Dans le Péloponèse étoient l'Elide, l'Achaïe, l'Arcadie, la Laconie, la Messénie, l'Argolide, etc. Villes principales, Sparte, aujourd'hui Misitra ; Corinthe, Argos, Mycènes, Sicyone, Olympie, Epidaure, Messène, etc.

Toutes ces contrées, après avoir subi le joug des Romains et ensuite fait partie de l'empire grec, ont passé sous la domination des Turcs, peuples barbares, originaires de l'ancienne Scythie, aujourd'hui Tartarie.

ILES DE L'EUROPE.

Les principales îles de l'Europe sont :

Dans la mer Baltique :

Les îles de Séeland et de Fionie, qui font partie du Danemarck.

Dans la mer du Nord :

1.º L'Islande, que plusieurs croient avoir été la Thulé des anciens, appartient au Danemarck.

2.º L'Angleterre et l'Irlande.

Dans la mer Méditerranée :

1.º Majorque et Minorque, autrefois îles Baléares, appartiennent à l'Espagne.

2.º La Sardaigne, avec le titre de royaume, aux ducs de Savoie; capitale, Cagliari.

3.º La Corse; capitale, Bastia.

4.º La Sicile, célèbre par les anciennes villes de Syracuse, d'Agrigente, de Messine, de Panorme aujourd'hui Palerme, capitale de l'île. Elle fait partie du royaume de Naples.

Près de la Sicile, sont les îles Egates et celles de Lipari, fameuses chez les poëtes.

5.º Malte, capitale de même nom; chef-lieu de l'ordre de Malte. Cette île appartient actuellement à la Grande-Bretagne.

6.º Corfou, autrefois Corcyre; près de là est l'ancienne Ithaque.

7.º Candie, autrefois Crète, connue par le mont Ida ; à la Turquie.

Dans l'Archipel :

1.º Stalimène, autrefois Lemnos.
2.º Négrepont, autrefois Eubée.
3.º Délos, Paros, Naxos, etc. autrefois connues sous le nom de *Cyclades*. Toutes ces îles sont à la Turquie.

RIVIÈRES ET MONTAGNES
DE L'EUROPE.

Les principales rivières de l'Europe sont :

1.º En France, le Rhône, la Garonne, la Loire, la Seine, la Meuse, le Rhin.

2.º En Espagne, l'Ebre, le Tage, le Guadalquivir, autrefois Bétis.

3.º En Italie, le Tibre, le Pô.

4.º En Angleterre, la Tamise.

5.º En Allemagne, le Danube, l'Oder, l'Elbe, le Weser.

6.º En Pologne, la Vistule, le Dniéper, autrefois Borysthène.

7.º En Russie, le Niémen, la Dwina, le Don, autrefois Tanaïs.

Les principales montagnes de l'Europe sont :

Les Pyrénées, entre la France et l'Espagne ; les Alpes, entre la France et l'Italie ; l'Apennin qui traverse toute l'Italie ; les monts Krapacks, entre la Hongrie et la Pologne ; les monts Ourals qui forment la division naturelle de l'Europe et de l'Asie ; le mont Athos en Macédoine.

Les monts Hécla, en Islande ; Etna, en Sicile ; et le Vésuve, près de Naples, vomissent des flammes : ce sont des volcans fameux.

ASIE.

L'Asie se divise en six parties, la Turquie Asiatique, l'Arabie, la Perse, les Indes, la Chine et la Tartarie.

TURQUIE ASIATIQUE.

La Turquie Asiatique comprend les régions autrefois nommées Asie-Mineure, Syrie, Grande-Arménie, Mésopotamie, Chaldée. Ces contrées ont appartenu tour à tour aux Perses, aux Macédoniens, aux Romains, aux Parthes, aux Sarrasins.

1.º L'Asie-Mineure, aujourd'hui Anatolie, étoit divisée en plusieurs provinces ou royaumes :

La Paphlagonie,	L'Eolie,	La Pisidie,
La Galatie,	L'Ionie,	La Cilicie,
La Bithynie,	La Lydie,	L'Isaurie,
La Phrygie,	La Carie,	La Cappadoce,
La Mysie,	La Lycie,	L'Arménie-Min.
La Troade,	La Pamphilie,	Le Pont.

On y voyoit une multitude de villes célèbres:

Trébisonde,	Pergame,	Milet,
Nicomédie,	Cumes,	Halycarnasse,
Nicée,	Phocée,	Tarse,
Chalcédoine,	Sardes,	Issus,
Cysique,	Tymbrée,	Gordium,
Troie,	Ephèse,	Smyrne, auj. cap.

2.º La Syrie comprend les pays autrefois connus sous les noms de Syrie, Phénicie et Palestine.

Les villes de l'ancienne Syrie étoient Antioche, Damas, Palmyre.

Dans la Phénicie fleurirent Tyr et Sidon.

La Palestine conquise sur les Chananéens par les Israélites, fut divisée d'abord en douze tribus; puis en deux royaumes, celui de Juda et celui d'Israël; puis vers le temps de Notre-Seigneur, en trois parties principales: la Judée, au midi; la Samarie, au milieu; la Galilée, au nord.

On y remarquoit Jérusalem, Bethléem, Jéricho, Samarie, Nazareth, et le lieu où fut l'infâme Sodome.

La Palestine avoit à l'orient les Ammonites et les Moabites, et à l'occident, les Philistins.

La nouvelle Syrie a pour villes principales Alep, Damas, etc.

3.º la Grande-Arménie où se trouvoient Tigranocerte et Artaxate, est maintenant la Turcomanie; capitale, Erzeroum.

4.º La Mésopotamie où l'on voyoit Nisibe, Edesse, Amide, est aujourd'hui le Diarbeck, capitale de même nom.

5.º La Chaldée où étoient Babylone, Ctésiphonte, Séleucie qui a pris le nom d'Irack-Arabi. Villes principales, Bagdad, Bassora.

ARABIE.

ARABIE.

L'Arabie a été peuplée par les enfans d'Ismaël, fils d'Abraham. Sous le nom de *Sarrasins*, les Arabes ont conquis et dévasté une grande partie de la terre.

Dans l'Arabie-Pétrée habitoient autrefois les Iduméens, les Madianites et les Amalécites.

Dans l'Arabie-Déserte, sont les villes de la Mecque et de Médine.

Dans l'Arabie-Heureuse, sont celles d'Aden et de Moka.

Parmi les princes qui gouvernent quelques portions de l'Arabie, ceux de l'Arabie-Heureuse sont indépendans ; les autres dépendent de la Turquie.

PERSE.

La Perse renferme, outre l'ancienne province de même nom, les contrées autrefois connues sous le nom de Médie, Assyrie, Hyrcanie, Parthie.

Dans la Perse, on voyoit Persépolis et Suse ; dans la Médie, Ecbatane et Ragès ; dans l'Assyrie, Ninive et Arbèle. Toutes ces contrées firent partie des anciens empires des Assyriens, des Perses, des Macédoniens, des Parthes, des Sarrasins, avant d'appartenir au nouveau royaume de Perse.

La capitale de la Perse actuelle est Ispahan ; autres villes : Schiras, Gomrom, Tauris, Erivan, Candahar.

C

INDES.

Les Indes sont divisées en deux grandes presqu'îles, l'une occidentale, l'autre orientale.

1.º Au nord de la presqu'île occidentale, étoit l'empire du Mogol : villes principales, Agra, Delhi, etc. Les Marattes et les Anglais viennent de détruire cet empire.

Vers le midi, il y a plusieurs petits royaumes, sur les côtes desquels on trouve les villes de commerce des Européens :

Cambaie,	Goa,	Méliapour,
Surate,	Cochin,	Madras,
Bombay,	Pondichéry,	Masulipatan.

2.º Dans la presqu'île orientale sont les royaumes d'Ava et de Pégu, aujourd'hui empire des Birmans ; les royaumes de Siam, de Tonquin, de Cochinchine, etc. On y remarque la ville de Malaca.

CHINE.

Le vaste empire de la Chine est gouverné par des princes tartares qui en firent la conquête. Ses villes principales sont : Pékin, capitale ; Nankin, Canton, Macao, etc.

TARTARIE.

La Tartarie occupe plus de la moitié de l'Asie. Cette vaste région portoit autrefois le nom de Scythie. C'est de là que sont sortis les Huns, les Turcs, les Mogols, etc.

Elle est aujourd'hui divisée en trois parties : au nord, la Tartarie-Russe, où l'on trouve Astracan, Casan, Tobolsk, capitale de la Sibérie ; au midi, la Tartarie indépendante ; à l'orient, la Tartarie-Chinoise, séparée de la Chine par la grande *muraille*, qui n'empêcha pas les Tartares-Mantcheoux, de subjuguer cet empire.

ILES D'ASIE.

Les principales îles d'Asie sont :

Dans la Méditerranée :

1.º Lesbos, Ténédos, Chios, Samos, Pathmos, etc. autrefois connues sous le nom de *Sporades*.

2.º Chypre.

3.º Rhodes.

Dans la mer des Indes :

1.º Ceylan, autrefois Trapobane.

2.º Les îles de la Sonde : Bornéo, Sumatra, Java ; villes principales, Batavia, Bantam.

3.º Les Moluques.

Dans la mer du Sud :

1.º Les Philippines : ville principale., Manille, dans l'île de Luçon.

2.º Les îles et l'empire du Japon.: principales villes, Yédo, capitale ; Méaco, Osaca, Nangasaki.

RIVIÈRES ET MONTAGNES D'ASIE.

Les principales rivières de l'Asie sont : le Jourdain et l'Euphrate, dans la Turquie-Asiatique ; le Tigre, dans la Perse ; l'Oby et le Wolga, dans la Tartarie; l'Indus et le Gange, dans les Indes.

Les principales montagnes de l'Asie sont : les monts Horeb et Sinaï, dans l'Arabie - Pétrée ; le mont Ararat, dans l'Arménie ; le Caucase, entre la mer Noire et la mer Caspienne ; le Taurus, qui s'étend depuis l'Asie-Mineure jusque dans les Indes.

AFRIQUE.

L'AFRIQUE peut se partager en douze parties :

L'Egypte, la Barbarie, le Désert de Sara ;
La Nigritie, la Guinée, le Congo, la Cafrerie ;
Le Monomotapa, la côte de Zanguebar ;
La côte d'Ajan, l'Abyssinie, la Nubie.

L'Egypte a été regardée comme le plus ancien des empires. Ses principales villes étoient, dans la Haute - Egypte ou Thébaïde, Thèbes ; dans la

Moyenne-Egypte, Memphis; dans la Basse-Egypte ou Delta, Alexandrie, Péluse, Canope, Héliopolis, etc.

Cet empire fut détruit par les Perses; après eux, l'Egypte passa aux Macédoniens, ensuite aux Romains, puis aux Sarrasins, puis aux Mammelouks, milice tartare, et enfin aux Turcs. Capitale actuelle, le Caire; autres villes, Damiette, Rosette, Alexandrie.

La Barbarie comprenoit autrefois quatre régions, 1.° la Libye, où étoient Cyrène et le temple de Jupiter Ammon; 2.° l'Afrique propre, où se trouvoient Carthage, Utique, Hippone, etc.; 3.° la Numidie; 4.° la Mauritanie. Au midi étoient les Gétules et les Garamantes.

La Barbarie passa des Romains aux Vandales, puis aux Sarrasins, qui y ont fondé les royaumes de Maroc et de Fez, et les républiques de Tripoli, de Tunis et d'Alger; capitales de même nom.

La Guinée est connue par la traite des nègres.

Sur la côte de Zanguebar, on trouve Mélinde, Mozambique.

Dans le Monomotapa, on voit Sophala qui est probablement l'ancien Ophir, célèbre dans l'Ecriture, par le commerce qu'y faisoient les flottes de Salomon.

L'Abyssinie et la Nubie sont l'ancienne Ethiopie, où se trouvoit, à ce que l'on croit, le royaume de Saba.

ILES D'AFRIQUE.

Les principales îles d'Afrique sont :

Dans la mer des Indes,

Madagascar, la plus grande île que l'on connoisse.

Dans l'Océan-Atlantique,

1.º Les îles du Cap-Vert;
2.º Les Canaries, autrefois îles Fortunées. L'une d'elles est l'île de Fer par où passoit le premier Méridien, avant que les géographes français eussent adopté celui de Paris;
3.º Madère.

Dans la mer du Nord,

Les Açores.

RIVIÈRES ET MONTAGNES
D'AFRIQUE.

Les principales rivières de l'Afrique sont : le Nil, en Egypte ; le Niger et le Sénégal, en Nigritie.

Les principales montagnes de l'Afrique sont : le mont Atlas, en Barbarie ; et le Pic-de-Ténériffe, dans l'une des Canaries.

AMÉRIQUE.

L'Amérique, avant sa découverte par les Européens, renfermoit les deux empires du Mexique et du Pérou ; le reste étoit ou désert, ou habité par des nations sauvages.

L'Amérique se divise en deux parties, l'une septentrionale, l'autre méridionale.

1.º L'Amérique septentrionale renferme cinq régions principales, savoir :

Le Canada : ville capitale, Québec.
Les Etats-Unis : villes remarquables, Boston, New-Yorck, Philadelphie, Baltimore.
La Louisiane : capitale, Nouvelle-Orléans.
Le Mexique : capitale, Mexico.
Le Nouveau-Mexique : capitale, Santa-Fé.

2.º L'Amérique méridionale renferme huit régions, savoir :

La Guiane : villes, Cayenne, Surinam.
La Terre-Ferme, — Panama, Porto-Belo, Carthagène.
Le Pérou, — Quito, Lima, Cusco.
Le pays des Amazones.
Le Brésil, — San-Salvador, Olinde.
Le Paraguay, — Buénos-Ayres.
La Terre-Magellanique.
Le Chili, — Saint-Jacques.

ILES DE L'AMÉRIQUE.

Les principales îles de l'Amérique, sous le nom général d'Indes occidentales, sont :

Dans la mer du Nord,

1.º Terre-Neuve, près de laquelle est le Grand-Banc où se pêche la morue;

2.º Les Bermudes et les Lucayes;

3.º Les grandes Antilles, savoir : la Jamaïque, Saint-Domingue, Porto-Rico, Cuba ; capitale de Cuba, la Havane;

4.º Les petites Antilles, autrefois Caraïbes ou Cannibales, dont les plus remarquables sont, la Martinique, la Guadeloupe, Sainte-Lucie, etc.;

5.º La Trinité.

RIVIÈRES ET MONTAGNES.

D'AMÉRIQUE.

Les principales rivières de l'Amérique sont : dans la partie septentrionale, le Mississipi et le fleuve Saint-Laurent ; dans la partie méridionale, la Plata et le fleuve des Amazones, le plus grand qui soit au monde.

Les principales montagnes sont : dans le Pérou, les Cordillières ou Andes, les plus hautes de l'univers.

TRAITÉ
ABRÉGÉ DE SPHÈRE
ET D'ASTRONOMIE.

PREMIÈRES OBSERVATIONS
FAITES DANS LE CIEL.

La méthode la plus simple et la plus naturelle pour apprendre à connoître le ciel, c'est de le considérer, et d'y remarquer les divers mouvemens des astres.

1. Si l'on se place sur un lieu élevé, on ne pourra s'empêcher de remarquer l'*Horizon*, ce vaste cercle qui termine la vue de tous côtés, et qui sépare le ciel en deux hémisphères ou demi-boules, l'une inférieure et invisible, l'autre supérieure et visible, dont l'observateur paroît occuper le centre.

2. Après ce premier cercle, il s'en présente d'autres qui sont presque aussi remarquables.

Nous voyons le Soleil et la Lune se lever et se coucher chaque jour ; mais si nous passons quelques heures de la nuit à regarder les autres corps célestes, nous les verrons se lever et se coucher aussi ; et de là nous conclurons en général qu'il y a donc un mouvement commun, par lequel tous les astres font, ou paroissent faire le tour de la terre en 24 heures. C'est le mouvement *diurne* ou *journalier*. Nous observerons encore que les étoiles ne décrivent pas toutes des cercles d'une égale grandeur ; et que ces cercles parallèles entre eux (*a*), sont toujours plus petits les uns que les autres, à mesure qu'ils sont plus près d'un point du ciel qui paroît immobile, et que nous appelons *Pôle du monde*. Celui que nous voyons en France, est le *Pôle septentrional* ou *arctique*.

3. Près du Pôle arctique est une assez belle étoile qui aide à le distinguer, et qu'on appelle l'*Etoile Polaire*. Pour trouver l'*Etoile Polaire*, il suffit de jeter les yeux sur ces sept étoiles que le vulgaire nomme le *Chariot de David*, et que les astronomes appellent la *Grande-Ourse* (fig. 1.) Si on tire une ligne par les deux étoiles les plus éloignées de la queue, et marquées A et B, cette ligne prolongée du côté de l'étoile A, passera tout proche de l'étoile *Polaire* P, qui est à peu près aussi éloignée de l'étoile A, que celle-ci l'est de l'étoile E qui forme l'extrémité de la queue.

4. Le Pôle une fois connu, on distinguera sans peine les quatre points cardinaux, le *Nord*, le *Midi*, l'*Orient* et l'*Occident*. Tourné vers le Pôle, on a le nord en face, le midi derrière soi, l'orient à droite, et l'occident à gauche.

5. On remarque encore facilement un point du ciel qui répond directement au dessus de la tête, et qui paroît également éloigné de tous les points de l'horizon ; c'est le *Zénith*.

6. En voyant le Pôle arctique, il est aisé de concevoir qu'il y a un autre Pôle du côté du midi, qu'on appellera *Pôle méridional* ou *antarctique*, opposé au premier, et autant abaissé sous l'horizon, que le premier est élevé sur ce cercle.

7. Ces deux Pôles sont comme les extrémités

_____

(*a*) Deux lignes sont parallèles quand elles sont également éloignées l'une de l'autre dans tous leurs points.

d'une ligne droite qu'on suppose aller de l'un à l'autre, et qui s'appelle *Axe du monde*, parce que c'est en effet autour de cette ligne, comme d'un axe ou essieu, que tout le ciel paroît tourner chaque jour.

8. Parmi tous ces cercles que décrivent les astres autour de l'axe du monde, on n'a qu'à en imaginer un à une égale distance des deux Pôles ; ce sera ce qu'on appelle l'*Equateur*.

9. Après avoir examiné les points où le Soleil se lève et se couche, on sera porté naturellement à appeler *milieu du Ciel* ou *Méridien*, l'endroit où est cet astre, lorsqu'après être monté au plus haut de sa course, il va commencer à descendre. On en dira autant pour les autres astres. Mais ce point est plus ou moins élevé pour les différens astres ; et même pour le Soleil, que nous voyons tantôt plus haut, tantôt plus bas à midi. On imaginera donc un grand cercle passant par le Zénith et par les Pôles : ce sera le *Meridien*, ainsi appelé, parce qu'étant à une égale distance du lever et du coucher de chaque astre, il marque nécessairement le milieu du jour.

10. Le Soleil paroissant, par son mouvement diurne, aller d'orient en occident, il doit se lever et par conséquent arriver au point qui marque le milieu du jour, plutôt pour les pays situés à l'orient, que pour les pays situés à l'occident. Il y aura donc autant de Méridiens qu'il y a de points sur la terre d'orient en occident : tous se couperont aux Pôles, et chacun passera par le Zénith du lieu dont il est Méridien.

11. Après le mouvement diurne, on en découvre un autre, qui n'est, aussi bien que le premier, qu'une apparence causée par le mouvement de la terre, comme on le verra plus bas. Si l'on observe, plusieurs jours de suite et à la même heure, du côté de l'occident, quelque étoile après le coucher du

Soleil, on la verra de jour en jour plus proche du Soleil, de sorte qu'elle disparoîtra à la fin, et sera effacée par les rayons de cet astre, dont elle étoit assez loin quelques jours auparavant. Comme cette étoile n'a changé ni sa situation ni sa distance par rapport aux autres, et que d'ailleurs toutes les étoiles se lèvent et se couchent aux mêmes points de l'horizon, tandis que le Soleil change tous les jours les points de son lever et de son coucher, on conclura que ce ne sont pas les étoiles qui se rapprochent du Soleil, mais que c'est plutôt le Soleil qui se rapproche successivement des étoiles qui sont plus orientales que lui. Ce mouvement est d'un degré.(*b*) environ par jour ; il s'achève en un an, et s'appelle le mouvement *annuel.* Il se fait d'occident en orient, et par conséquent en sens contraire du mouvement diurne. La trace du mouvement annuel observée avec soin, s'est trouvée être un cercle qui coupe obliquement l'Equateur, et ce cercle a été appelé l'*Ecliptique.*

12. Pour déterminer la situation de l'Ecliptique, on remarqua d'abord qu'il y avoit dans l'année deux jours éloignés de six mois l'un de l'autre, où le Soleil à midi avoit la même hauteur que l'Equateur, et par conséquent décrivoit ce cercle. Ces deux jours furent nommés *Equinoxes*, c'est-à-dire égaux aux nuits, parce que le Soleil, dans ces deux jours, est douze heures au dessus de l'horizon et douze heures au dessous.

Le jour de l'équinoxe du Printemps, on remarqua

_____

(*b*) Tout cercle, grand ou petit, se divise en 360 parties qu'on appelle *degrés*; chaque degré se divise en 60 minutes, et chaque minute en 60 secondes. Ainsi un degré est la 360.ᵉ partie d'un cercle; une minute, la 60.ᵉ partie d'un degré, etc.

l'étoile qui passoit au Méridien douze heures après le Soleil, à la hauteur que le Soleil avoit eue ce jour-là, c'est-à-dire, à la hauteur de l'Equateur. Cette étoile marquoit évidemment le point du ciel opposé au Soleil, c'est-à-dire l'équinoxe d'Automne, et l'endroit où le Soleil devoit se trouver six mois après, en traversant l'Equateur du nord au midi, comme il l'avoit traversé du midi au nord six mois auparavant.

Le Soleil étant arrivé à l'équinoxe d'Automne, on distingua de même à minuit le point opposé du ciel, c'est-à-dire l'équinoxe du Printemps. D'ailleurs, on avoit observé deux autres jours de l'année également éloignés dés équinoxes, où le Soleil se trouvoit à sa plus grande distance au dessus et au dessous de l'Equateur. Ces deux jours furent appelés *Solstices;* et les deux cercles parcourus par le mouvement diurne du Soleil, l'un au solstice d'Eté, l'autre au solstice d'Hiver, eurent le nom de *Tropiques.* Enfin, on partagea l'Ecliptique en douze parties égales de 3o degrés chacune; on les appela *Signes*, parce que celle des douze parties qu'on observoit à minuit dans le Méridien, servoit comme de signe pour reconnoître à quel point le Soleil en étoit de sa course annuelle.

Ainsi furent fixés, par les premiers observateurs, la situation de l'Ecliptique, des autres cercles et des points les plus remarquables du ciel, le retour constant et la durée des quatre saisons de l'année.

Ce fut d'après ces observations sur les apparences et sur les mouvemens du ciel, que l'on imagina, pour les représenter aux yeux, la *Sphère* (c) *artificielle* et les *Globes* dont nous allons parler.

(c) Le mot *Sphère* signifie Globe ou Boule.

Cercles et points de la Sphère artificielle et du Globe terrestre.

13. La Sphère artificielle est une machine composée de plusieurs cercles, pour représenter et expliquer les mouvemens vrais ou apparens du ciel.

14. On compte dans la Sphère huit cercles, quatre grands et quatre petits. Les grands cercles partagent la Sphère en deux parties égales, et les petits la partagent en deux parties inégales.

Les quatre grands cercles sont l'Equateur, le Méridien, l'Horizon et l'Ecliptique. Les quatre petits sont les deux Tropiques, et les deux cercles polaires.

15. Les principaux points de la Sphère ou du Globe sont les deux Pôles du monde, les deux points des Equinoxes, les deux points des Solstices, le Zénith, le Nadir et les quatre points cardinaux.

16. Les deux *Pôles* sont deux points sur lesquels tourne la Sphère ; ils s'appellent, l'un le *Pôle arctique*, l'autre le *Pôle antarctique* (2 et 6) *(d)*.

17. L'*Equateur* (8) est un grand cercle également éloigné des deux Pôles dans tous ses points, et qui partage la Sphère en deux parties égales, l'une septentrionale et l'autre méridionale. On l'appelle *Equateur* ou *ligne équinoxiale*, parce que quand le Soleil s'y trouve, il y a équinoxe ou égalité de jour et de nuit pour toute la terre ; ce qui arrive deux fois l'année, l'une au mois de Mars, l'autre au mois de Septembre (12).

(d) Voyez les articles désignés par les chiffres qui se trouvent entre parenthèses.

18. Le *Méridien* (9) est un grand cercle qui passe par les deux Pôles et qui partage la Sphère en deux parties égales ou en deux hémisphères, l'un oriental et l'autre occidental. Il sert à déterminer le milieu du jour ou de la nuit, parce qu'il est midi quand le Soleil est parvenu à ce cercle d'un côté, et minuit, quand il est arrivé au côté opposé.

19. L'*Horizon* est un grand cercle qui partage la Sphère en deux parties égales ; l'une supérieure et visible, et l'autre inférieure et invisible : d'où il suit que lorsqu'il fait jour dans l'une, il est nuit dans l'autre (1). L'Horizon détermine le lever et le coucher des astres, et par conséquent la longueur du jour et de la nuit.

20. L'*Ecliptique* est un grand cercle qui coupe l'Equateur en deux points diamétralement opposés, et qui s'en éloigne de 23° 28' de chaque côté (e). Le Soleil paroît le parcourir en un an. Quand il se trouve dans la partie qui est au nord de l'Equateur, nous avons en France le printemps et l'été ; il parcourt cette partie de l'Ecliptique depuis le 20 mars jusqu'au 23 septembre : il traverse ensuite l'Equateur et passe dans la partie méridionale de l'Ecliptique, qu'il parcourt depuis le 23 septembre jusqu'au 20 mars suivant, et nous avons l'automne et l'hiver.

21. Cette large bande au milieu et le long de laquelle est tracé l'Ecliptique dans la Sphère, se nomme *Zodiaque*, d'un mot grec qui signifie *animal*, parce que ses douze parties portent presque toutes des noms d'animaux.

(e) 23° 28' signifie 23 degrés 28 minutes. Les secondes se marquent ainsi".

Les douze parties ou signes du Zodiaque sont :

♈ Le Bélier. . . Equinoxe. . . 20 Mars. . . .⎫
♉ Le Taureau. . . . . 20 Avril. . . .⎬ Printemps.
♊ Les Gémeaux . . . . 21 Mai . . . .⎭

♋ L'Ecrevice ou Cancer . . . . Solstice . . . 21 Juin . . . .⎫
♌ Le Lion. . . . . 22 Juillet. . . ⎬ Eté.
♏ La Vierge. . . . . 23 Août. . . .⎭

♎ La Balance . . Equinoxe. . 23 Septembre.⎫
♍ Le Scorpion . . . . 23 Octobre . .⎬ Automne.
♐ Le Sagittaire . . . . 22 Novembre.⎭

♑ Le Capricorne, Solstice. . . 21 Décembre.⎫
♒ Le Verseau. . . . . 19 Janvier. . .⎬ Hiver.
♓ Les Poissons. . . . . 18 Février. . .⎭

Chacun de ces signes occupe 30°, c'est-à-dire la douzième partie de l'Ecliptique, et répond à un mois de l'année. Le Soleil entre le 20 mars dans le signe du Bélier, etc.

22. Les *Tropiques* sont deux petits cercles parallèles à l'Equateur, dont ils sont éloignés de 23° 28′ dans tous leurs points. Celui qui est dans la partie septentrionale, s'appelle *Tropique* du *Cancer*; il touche l'Ecliptique au premier degré de l'Ecrevisse : celui qui est dans la partie méridionale, s'appelle *Tropique* du *Capricorne*; il touche l'Ecliptique au premier degré du Capricorne.

23. Les cercles *Polaires* sont deux petits cercles parallèles aux Tropiques, et qui sont éloignés des Pôles de 23° 28′. Celui qui est au nord s'appelle *Cercle polaire arctique*, et celui qui est au midi se nomme *Cercle polaire antarctique*. Ils sont décrits par le mouvement apparent que les Pôles de l'Ecliptique font chaque jour avec tout le ciel autour des Pôles du monde.

24. Les points des *Equinoxes* sont les deux points

où

où l'Ecliptique coupe l'Equateur : quand le Soleil y arrive, les jours sont égaux aux nuits.

25. Les points des *Solstices* sont les deux points de l'Ecliptique qui touchent lès Tropiques : quand le Soleil y arrive, il donne les plus courts ou les plus longs jours de l'année.

26. Le *Zénith* est le point du ciel le plus élevé, celui qui est au dessus de notre tête ; et le *Nadir* est le point de dessous qui est diamétralement opposé au premier. Ils sont comme les deux Pôles de l'horizon, à qui ils servent de centre. On ne peut faire un pas sans changer de zénith et de nadir, et par conséquent d'horizon.

27. Les quatre points cardinaux sont : 1.º le Nord ou *Septentrion* et le Midi ou *Sud*, formés par l'intersection du méridien et de l'horizon ; 2.º l'Orient ou *Est* et l'Occident ou *Ouest*, formés à une égale distance des deux premiers par l'intersection de l'Equateur et de l'horizon. Il y a encore les points collatéraux *Nord-Est*, *Nord-Ouest*, *Sud-Est*, *Sud-Ouest*, etc.

Diverses positions de la Sphère.

28. On peut donner à la Sphère trois différentes positions ; la droite, la parallèle et l'oblique.

29. La Sphère est *droite* lorsque les Pôles sont dans l'horizon, et que l'Equateur coupe ce cercle à angles droits ; c'est-à-dire, sans être incliné ni vers le midi ni vers le nord. Dans cette position, non-seulement l'Equateur, mais encore tous les cercles parallèles à l'Equateur que le Soleil décrit par son mouvement diurne, sont coupés par l'horizon en deux parties égales ; c'est pourquoi il y a un équinoxe

D

perpétuel. Cela n'a lieu que pour les peuples qui sont sous l'Equateur.

30. La Sphère est *parallèle*, lorsque les Pôles sont dans le zénith et le nadir, et que l'Equateur est dans l'horizon, et par conséquent parallèle à l'horizon. Dans cette position, une moitié de l'Ecliptique est toujours au dessus de l'horizon, et l'autre moitié toujours au dessous : et par conséquent, supposé qu'il y eût des peuples sous les Pôles, ils n'auroient qu'un seul jour et une seule nuit dans l'année, l'un et l'autre de six mois, puisque le Soleil est six mois à parcourir chaque moitié de l'Ecliptique.

31. La Sphère est *oblique* lorsque l'Equateur est oblique, c'est-à-dire incliné sur l'horizon. Dans cette position qui a lieu pour tous les pays situés entre l'Equateur et chaque Pôle, tous les cercles que le Soleil décrit par son mouvement diurne, sont coupés par l'horizon en deux parties inégales : par conséquent, les jours et les nuits ne sont pas égaux entre eux, si ce n'est au temps des équinoxes, où le Soleil se trouve dans l'Equateur (17).

Zônes.

32. Il y a cinq Zônes, savoir : une torride, deux glaciales et deux tempérées.

33. La Zône *torride* remplit, comme une large bande circulaire, tout l'espace compris entre les deux Tropiques ; l'Equateur la partage en deux par le milieu. Elle a 47° de large, c'est-à-dire 1175 lieues, en comptant 25 lieues par degré.

34. Les deux Zônes froides ou *glaciales* sont renfermées entre chaque cercle polaire et le Pôle corres-

pondant qui en fait le centre : l'une est méridionale, et l'autre septentrionale.

35. Les deux Zônes *tempérées* sont comprises entre chaque Tropique et le cercle polaire correspondant.

Latitudes et Longitudes.

36. On entend par *Latitude* d'un lieu, la distance qu'il y a de ce lieu à l'Equateur, exprimée, non pas en lieues, mais en degrés. Il y a une latitude septentrionale et une latitude méridionale. La plus grande latitude possible est à 90° de l'Equateur, c'est-à-dire aux pôles qui sont en effet les deux points du Globe ou de la Sphère, les plus éloignés de l'Equateur. Quand on dit que Lyon, par exemple, a 45° 46′ de latitude, cela signifie que cette ville est éloignée de 45° 46′ de l'Equateur.

37. La Longitude d'un lieu est la distance qu'il y a de ce lieu au premier Méridien, exprimée en degrés. Le premier Méridien n'est qu'un Méridien ordinaire qu'on a choisi à volonté, et duquel on part pour compter les longitudes. Le premier Méridien a long-temps été pour les Français celui qui passe à l'île de Fer, l'une des Canaries. On comptoit les longitudes d'occident en orient, à partir du premier Méridien, et l'on pouvoit aller jusqu'à 360° en faisant le tour entier du Globe.

Mais depuis quelques années, les Français prennent pour premier Méridien celui qui passe à Paris. Quand on emploie ce Méridien, on distingue deux sortes de longitudes, l'une orientale, l'autre occidentale ; et l'on compte de chaque côté jusqu'à 180° de longitude. Ainsi l'on dira, par exemple, que Lyon a 22° 3o′ de longitude, en la comptant du Méridien de l'île de Fer, et qu'il a 2° 3o′ de longitude orientale, en la comptant du Méridien de Paris.

Climats.

38. On entend par *Climat* un espace de terre compris entre deux parallèles (29), à la fin duquel espace les plus longs jjours ont une demi-heure ou un mois de plus que dans son commencement. Il faut concevoir les climats comme des bandes couchées les unes à côté des autres, dont la largeur est du midi au nord, et qui dans leur longueur embrassent le tour de la terre d'orient en occident.

En effet, sous l'Equateur, les plus longs jours ne sont que de 12 heures ; mais ces jours se trouvent de plus en plus longs en différens pays, à mesure qu'on avance de l'Equateur vers les cercles polaires, où ils sont de 24 heures, parce que le Tropique se voit tout entier sur l'horizon. Depuis les cercles polaires, les jours augmentent, non plus par demi-heures ou par heures, mais d'un mois, de deux mois, etc. selon qu'il y a un signe, deux signes de l'Ecliptique qui ne se couchent jamais, jusqu'aux Pôles où le jour est de six mois.

39. Il suit de ce que nous venons de dire, qu'il y a deux sortes de climats, les climats d'heures et les climats de mois.

Les jours croissent de 12 heures depuis l'Equateur, où ils sont de 12 heures seulement, jusqu'aux cercles polaires, où ils sont de 24 heures ; ce qui fait 24 climats d'heures de chaque côté, autant qu'il y a de demi-heures depuis 12 jusqu'à 24. Des cercles polaires aux Pôles, les jours augmentent depuis 24 heures jusqu'à 6 mois ; ce qui fait 6 climats de mois de chaque côté, 60 climats en tout.

40. Les climats ne sont pas égaux entre eux.

Les climats d'heures sont plus étroits à mesure qu'ils sont plus éloignés de l'Equateur ; et les climats de mois sont plus larges à mesure qu'ils sont plus éloignés des cercles polaires. En voici la preuve. De l'Equateur au cercle polaire, il y a 66° 32' en latitude, qui renferment les 24 climats d'heures. Si ces climats avoient tous la même largeur, il s'ensuivroit qu'au 33.e 16' qui est le milieu des 66° 32', on devroit avoir la fin du 12.e climat : mais point du tout, nous voyons qu'au 49.e degré où est Paris, nous n'avons que la fin du 8.e climat, puisque le plus long jour y est à peine de 16 heures. Par conséquent, les 8 premiers climats ont ensemble 49° de largeur, et les 16 derniers n'en ont ensemble que ce qui reste de 49° à 66° 32', c'est-à-dire 17° 28'.

Il sera aussi aisé de voir que les climats de mois sont plus larges vers les Pôles que vers les cercles polaires, si l'on fait attention que depuis le 66.e 32'. où commence le premier climat de mois, jusqu'au 73.e 20', il y a trois climats de mois, et que depuis le 73.e 20' jusqu'au 90.e où est le Pôle, il y a aussi trois climats : ce qui donne 7° environ de largeur pour les trois premiers, et près de 17° de largeur pour les trois derniers.

41. Pour concevoir la raison générale de ces différences dans la largeur des climats, il faut observer, 1.° qu'entre l'Equateur et les cercles polaires, les Tropiques sont la mesure des plus longs jours, puisque le Soleil décrit un des Tropiques au solstice d'été ; 2.° qu'entre les cercles polaires et chaque Pôle, c'est l'Ecliptique qui est la mesure des plus longs jours, puisqu'il y a une partie de l'Ecliptique

plus ou moins grande qui est toujours sur l'horizon, et que le plus long jour dure autant que le Soleil emploie à parcourir cette partie toujours visible de l'Ecliptique.

Cela posé, on peut s'assurer, à l'inspection du Globe, que vers les cercles polaires, un très-léger changement dans l'élévation du Pôle suffit pour découvrir ou cacher sous l'horizon une partie considérable du Tropique ; au lieu que vers l'Equateur, il faut un changement assez considérable dans l'élévation du Pôle, pour découvrir ou cacher sous l'horizon une petite partie du Tropique. On peut faire le même raisonnement pour les climats de mois, en appliquant à l'Ecliptique et au Pôle ce que nous venons de dire du Tropique et de l'Equateur.

42. Avant de faire usage du Globe ou de la Sphère, il y a quelques observations à faire sur leur construction ; mais pour les bien saisir, il faut avoir ces machines sous les yeux.

1.º Le Globe terrestre est ordinairement monté sur un seul pied dans lequel sont enclavés quatre quarts de cercles qui soutiennent un grand et large cercle parallèle à la table où est posé le Globe : ce grand cercle représente l'Horizon, et partage le Globe en deux parties, l'une supérieure, l'autre inférieure.

2.º Dans cet horizon et sur le haut du pied sont des entailles dans lesquelles se meut un autre grand cercle qui sert de Méridien aux lieux qu'on place dessous en faisant tourner le Globe sur lui-même.

3.º En dedans de ce Méridien mobile, tourne le Globe sur deux points diamétralement opposés, qui représentent les deux Pôles du monde. Sur le même cercle et autour du Pôle arctique, est fixé un petit cadran ayant à son centre une aiguille horaire qui

tourne avec le Globe : on s'en sert communément
pour résoudre divers problèmes ; mais nous n'en fe-
rons pas usage ; nous emploierons une autre méthode
qui donne des résultats plus exacts.

4.º Sur le Globe qui représente, comme on voit,
les diverses parties de la terre, sont tracés différens
cercles, tels que les deux Polaires, les deux Tropiques, l'Equateur et l'Ecliptique, tous dans leur
situation respective : pour les reconnoître, il suffit
d'avoir compris les définitions qu'on en a données
plus haut. L'Ecliptique est divisé en degrés, et partagé en ses douze signes qui ont chacun leur marque,
et qui occupent chacun 30º. L'Equateur est divisé
de même en degrés.

5.º On voit encore tracés sur le Globe des cercles
parallèles à l'Equateur, de 10º en 10º ou de 15º en 15º
jusqu'aux Pôles. En sens contraire sont tracés d'autres
cercles, aussi de 10º en 10º ou de 15º en 15º, et qui
se coupent tous aux Pôles. Ceux-ci sont les Méridiens
des lieux sur lesquels ils passent. L'un d'eux est divisé en degrés, c'est le premier Méridien.

6.º Le premier Méridien mobile dans lequel tourne
le Globe, est divisé en 4 fois 90º, à compter depuis
les points où il est coupé par l'Equateur jusqu'à
chaque Pôle. Sur le même Méridien, entre l'Equateur et le Pôle arctique, sont tracés les climats
d'heures et de mois dans la largeur qu'ils occupent
sur le Globe, avec le nombre d'heures ou de mois
dont le plus long jour de chaque climat est composé.

7.º Sur l'horizon sont tracées plusieurs divisions.
La première, c'est-à-dire la plus proche du bord
intérieur, est celle de l'horizon même en 4 fois 90º,
à compter depuis l'Est jusqu'à chaque Pôle, et aussi
depuis l'Ouest jusqu'à chaque Pôle. La seconde division t   celle des 12 signes, chacun de 30º. Cette

division répond à une troisième qui est celle des mois et de leurs jours. Les jours des mois et les degrés des signes sont numérotés de 10 en 10 ; de sorte que d'un coup d'œil on voit à quel mois et à quel jour répond chaque degré des signes du Zodiaque. La quatrième division tracée sur l'horizon est celle des points cardinaux et de tous les collatéraux, au nombre de trente-deux, avec leurs noms.

8.º La Sphère diffère peu du Globe. Tous les cercles en sont évidés. Elle a au centre un petit globe qui figure la terre. L'Equateur est coupé par le large cercle du Zodiaque. Au milieu du Zodiaque est tracé l'Ecliptique. D'un côté de i'Ecliptique est placée la division des signes en degrés, et de l'autre côté la division correspondante des mois en jours. On remarque encore dans la Sphère deux cercles, appelés l'un le *Colure* des équinoxes, qui passe par les points des équinoxes ; l'autre, le *Colure* des solstices qui passe par les points des solstices : ce sont deux Méridiens qui ne servent dans la Sphère qu'à soutenir les autres cercles. Enfin, sur le colure des solstices, et au point qui sert de Pôle à l'Ecliptique, sont attachés deux petits quarts de cercles mobiles qui portent, l'un l'image du Soleil, l'autre l'image de la Lune, et qui par leur mouvement indiquent à peu près la marche de ces deux astres.

Problèmes à résoudre par le moyen du Globe terrestre.

43. PROBLÈME I. Monter le globe horizontalement pour un lieu.

R. Monter le globe horizontalement pour un lieu, c'est faire en sorte que l'horizon du globe devienne l'horizon de ce lieu, et par conséquent que ce lieu soit à une égale distance de tous les points·de l'horizon du globe. Pour y parvenir, je cherche la latitude de ce lieu, de Lyon, par exemple ; je la trouve sur le globe ou sur une carte, de 45° 46′ ; j'élève le Pôle d'autant sur l'horizon, et je place Lyon sous le grand Méridien mobile. Il est clair que Lyon est alors également éloigné de tous les points de l'horizon du globe, et que par conséquent le globe est monté horizontalement pour cette ville (1).

J'ai dit qu'il falloit élever le Pôle de 45° 46′ pour Lyon, parce que la latitude d'un lieu est toujours égale à la hauteur du Pôle sur l'horizon de ce lieu. En effet, si je suis sous l'Equateur, je n'ai point de latitude, et je vois les deux Pôles dans l'horizon. Mais si je quitte l'Equateur pour m'avancer vers un Pôle, je verrai ce Pôle s'élever sur mon horizon d'autant de degrés que j'en aurai parcourus en m'éloignant de l'Equateur : d'où il faut conclure que la latitude d'un lieu est égale à la hauteur du Pôle sur l'horizon, et qu'il n'y a qu'à mesurer l'une pour connoître l'autre.

Il est encore sensible, que, si je place Lyon sous le grand Méridien, sa latitude sera mesurée par l'arc du Méridien compris entre cette ville et l'Equateur ; comme sa longitude sera mesurée par l'arc de l'Equateur compris entre le premier Méridien et le grand Méridien.

44. PROBLÈME II. Trouver les antipodes d'un lieu ; par exemple, de Lima, ville du Pérou.

R. Je cherche un lieu qui soit à 180° de Lima en longitude ; et je prends sur ce 180.ᵉ degré une latitude égale, mais opposée à celle de Lima : cette ville ayant 12° de latitude méridionale, j'en prends 12 de latitude septentrionale, et je rencontre le royaume de Camboye, antipode de Lima, puisqu'il est diamétralement opposé à cette ville, et qu'on iroit de l'un à l'autre en suivant une ligne droite qui perceroit la terre par le centre. On trouveroit de même que nous avons pour antipodes les habitans de la Nouvelle-Zélande.

Nos antipodes ont les pieds opposés aux nôtres : on ne peut pas dire cependant qu'ils soient sous la terre ; car la terre est un globe, et un globe n'a par lui-même ni dessus ni dessous ; ils n'ont pas la tête en bas, car avoir la tête en bas, c'est l'avoir plus proche de la terre que les pieds : on n'a pas à craindre non plus qu'ils quittent la terre pour tomber ; car tomber n'est autre chose que s'approcher de la terre. Ils ont les jours, les nuits, les heures, les saisons absolument opposées aux nôtres : quand nous avons le matin, ils ont le soir ; quand c'est l'été pour nous, c'est l'hiver pour eux, etc.

45. PROBLÈME III. Trouver le lieu du Soleil dans l'Ecliptique, le 4 septembre.

R. Je cherche dans le grand cercle horizontal les deux divisions correspondantes des signes et des mois : je trouve que le 4 septembre répond au 12.ᵉ degré de la Vierge, et j'aperçois ce 12.ᵉ degré dans l'Ecliptique tracé sur le globe.

46. PROBLÈME IV. Déterminer le jour où le Soleil entre au 10.ᵉ degré du Taureau.

R. C'est l'inverse ou le contre-pied du problème précédent. On trouvera le 30 avril.

47. PROBLÈME V. Trouver la hauteur méridienne du Soleil pour Lyon, aux équinoxes, aux solstices, ou tout autre jour de l'année, par exemple, le 20 août * (*f*).

(*f*) Toutes les fois qu'on trouvera cette marque * à un problème, on se souviendra que pour le résoudre, il faut élever le globe horizontalement pour le lieu proposé.

R. Au temps des équinoxes, le Soleil étant dans l'Equateur, aura la même hauteur que ce cercle, c'est-à-dire 44° 14', comme on le voit en comptant depuis l'horizon les degrés du méridien jusqu'à l'Equateur. En général, la hauteur de l'Equateur est égale à ce qui manque à la latitude pour être de 90°. Ainsi, la latitude de Lyon étant de 45° 46', il s'en faut de 44° 14' qu'elle ne soit de 90° : ces 44° 14' sont la hauteur de l'Equateur à Lyon.

Pour avoir la hauteur des solstices, je les place tour à tour sous le méridien ; l'arc de ce cercle compris entre chaque solstice et l'horizon sera la hauteur méridienne des solstices.

Pour le 20 août qui répond au 28.ᵉ degré du Lion, je place ce 28.ᵉ degré sous le méridien, et j'ai 56° 14' de hauteur méridienne du Soleil.

48. PROBLÈME VI. Trouver la déclinaison du Soleil le 15 mai.

R. Je cherche à quel degré de l'écliptique le Soleil est ce jour-là ; c'est au 24.ᵉ du Taureau. Je place ce degré sous le méridien, et je vois qu'il a 18° 30' de déclinaison septentrionale ; car la déclinaison du Soleil n'est autre chose que sa distance de l'Equateur.

49. PROBLÈME VII. Déterminer le jour où le Soleil a 25° de hauteur méridienne pour Lyon *.

R. En faisant passer l'écliptique sous le méridien, je trouve que le 21.ᵉ degré du Scorpion et le 10.ᵉ du Verseau passent à 25° de hauteur ; et je vois dans le grand cercle horizontal qu'ils répondent, l'un au 13 novembre, l'autre au 30 janvier.

50. PROBLÈME VIII. Déterminer le jour où le Soleil a 5° de déclinaison septentrionale.

R. Je cherche quels degrés de l'écliptique passent à 5° au nord de l'Equateur : je trouve le 13.ᵉ du Bélier, et le 17.ᵉ de la Vierge, qui répondent, l'un au 2 avril, l'autre au 9 septembre.

51. **Problème IX.** Trouver l'heure qu'il est à Jérusalem et à Quito, quand il est midi à Lyon.

R. Le Soleil faisant le tour du globe ou les 360° en 24 heures, doit faire 15° en une heure, et 1 degré en quatre minutes d'heure. Jérusalem est à 30° 30′ de Lyon; il s'en faudra donc de deux heures deux minutes, qu'il ne soit la même heure à Jérusalem qu'à Lyon. Mais d'ailleurs, Jérusalem étant à l'orient de Lyon, le Soleil, dont le cours est d'orient en occident, a dû passer au méridien de Jérusalem avant d'arriver à celui de Lyon; par conséquent, lorsqu'il est midi dans cette dernière ville, il est 2 heures 2 minutes du soir à Jérusalem. Par un raisonnement semblable, Quito étant à 82° 30′ à l'ouest de Lyon, on conclura que lorsqu'il est midi à Lyon, il n'est que six heures 30 minutes du matin à Quito (*g*).

52. **Problème X.** Trouver en quel endroit il est midi quand il est 7 heures du soir à Lyon.

R. Il doit être midi dans un lieu qui sera à 105° à l'ouest de Lyon; car c'est là le chemin que le Soleil a dû parcourir depuis midi jusqu'à 7 heures du soir. D'après les principes exposés dans le problème précédent, il est midi à Mexico (*h*).

(*g*) Pour résoudre ce problème, au moyen du petit cadran adapté au globe, je mets Lyon sous le Méridien, et l'aiguille du cadran sur midi; puis je tourne le globe, jusqu'à ce que Jérusalem soit sous le Méridien; l'heure marquée alors par l'aiguille est celle qui est à Jérusalem, lorsqu'il est midi à Lyon.

(*h*) Pour résoudre ce problème par le moyen du cadran, je mets Lyon sous le Méridien, et l'aiguille sur VII heures du soir; puis je tourne le globe jusqu'à ce que l'aiguille soit sur midi. Il est midi pour Mexico, et pour tous les autres lieux qui se trouvent alors sous le Méridien.

C'en est assez pour comprendre que le cadran pourroit

53. Problème XI. Trouver une semaine à trois jeudis.

R. La solution de ce problème singulier tient à une cause fort naturelle, et dépend de ce principe, savoir : que le soleil n'éclaire que successivement tous les lieux de la terre. Je suppose donc deux voyageurs qui fassent le tour du globe, l'un par l'orient, l'autre par l'occident. Celui qui voyage vers l'orient et qui s'avance à 15° de Lyon d'où il est parti, compte une heure de plus qu'à Lyon ; parce que, allant au devant du Soleil, il le voit une heure plutôt que nous. En continuant d'avancer ainsi vers l'orient de 15° en 15°, il gagne une heure chaque fois ; de sorte qu'après avoir parcouru les 360°, il se trouve, en arrivant à Lyon, avoir gagné 24 heures : il compte un jour de plus ; il est au vendredi, lorsqu'à Lyon on est encore au jeudi. Celui qui voyage vers l'occident, voit le Soleil autant d'heures plus tard qu'il a parcouru de fois 15°. Son voyage fini, il a perdu autant que l'autre a gagné, un jour entier ; il n'est donc qu'au mercredi, lorsque le premier voyageur est au vendredi ; ce qui donne trois jours différens où l'on comptera jeudi ; si l'on suppose les deux voyageurs arrivant dans la même semaine, ce sera véritablement une semaine à trois jeudis. S'ils étoient jumeaux, il se trouveroit que l'un auroit vécu deux jours de plus que l'autre.

Une conséquence bien intéressante de ce problème et des deux précédens, c'est qu'à toute heure, dans les différens lieux de la terre, on chante les louanges de Dieu, l'on offre le saint Sacrifice, et qu'il n'y a pas un instant où nous ne puissions nous y unir.

---

de même servir à résoudre ceux des problèmes suivans où il y a quelque heure à trouver, par exemple celle du lever et du coucher du Soleil et des autres astres.

54. PROBLÈME XII. Déterminer l'heure où le Soleil se couche et se lève le 7 octobre à Lyon *.

R. Je trouve, par le problème III, le Soleil au 14.° de la Balance : je cherche ce degré dans l'écliptique et je l'amène au Méridien. Ensuite je tourne le globe jusqu'à ce que ce 14.° degré de la Balance soit arrivé à l'horizon. L'arc de l'Equateur compris entre le point de ce dernier cercle qui se trouvoit au Méridien en même temps que le 14.° de la Balance, et le point du même cercle qui arrive au Méridien en même temps que le 14.° de la Balance à l'horizon, est de 82° 30′ : je les réduis en heures, et j'ai 5 heures 30 minutes pour le coucher du Soleil : si je les soustrais de midi, j'ai 6 heures 30 minutes pour le lever.

On peut encore avoir un résultat semblable, quoique moins exact, en laissant le 14.° de la Balance dans l'horizon, et en comptant les degrés depuis ce point parallèlement à l'Equateur, jusqu'au Méridien.

55. PROBLÈME XIII. Déterminer le jour où le Soleil se lève à 4 heures trois quarts à Lyon *.

R. De 4 heures trois quarts à midi, il y a 7 heures un quart que je réduis en degrés (51); ce qui me donne 108° 45′. Je cherche dans l'horizon un point d'où je puisse compter, parallèlement à l'Equateur, 108° 45′ jusqu'au Méridien. Je fais ensuite tourner le globe, et les deux degrés de l'écliptique qui rencontrent ce point de l'horizon, étant le 22.° du Taureau, et le 7.° du Lion, me donnent le 12 mai et le 29 juillet.

56. PROBLÈME XIV. Trouver quel est le plus long jour au Caire, et à quel climat appartient cette ville *.

R. Après avoir élevé le Pôle visible au Caire, j'examine la partie du Tropique d'été qui se trouve sur l'horizon (celui du Cancer, puisque le Caire est

au nord de l'Equateur). Je trouve cette partie de 208°
qui me donnent 13 heures 52 minutes pour le plus
long jour : ce qui fait près de 4 demi-heures, et par
conséquent la fin du 4.ᵉ climat d'heures.

57. PROBLÈME XV. Déterminer à quelle latitude le
plus long jour est de 18 heures, et où se trouve par
conséquent la fin du 15.ᵉ climat d'heures.

R. J'élève le Pôle jusqu'à ce que le Tropique d'été
ait au dessus de l'horizon 270° qui valent les 18
heures proposées. C'est au 59.ᵉ de latitude, ou méridionale, ou septentrionale. Il est facile d'après cela
de trouver la largeur des climats l'un après l'autre.
Par exemple, j'aurai la largeur du 4.ᵉ, en cherchant
à quelle latitude le plus long jour est de 13 heures
et demie, puis à quelle latitude il est de 14 heures :
la différence des latitudes trouvées sera la largeur du
4.ᵉ climat.

58. PROBLÈME XVI. Déterminer quel est le plus
long jour et la plus longue nuit pour le 80.ᵉ degré
de latitude septentrionale, et à quel climat de mois
il appartient *.

R. Je fais tourner le globe, et j'examine quels sont
les deux points de l'Ecliptique qui rasent l'horizon à
l'endroit où ce même horizon coupe le Méridien au
nord : ce sont le 26.ᵉ du Bélier et le 5.ᵉ de la Vierge.
Toute la partie de l'Ecliptique comprise entre chacun
de ces deux points et le solstice du Cancer, est toujours visible sur l'horizon ; et le plus long jour dure
autant de temps que le Soleil en met à parcourir cette
partie. Elle est de 129°, et donne par conséquent un
jour de 4 mois 10 jours, et une nuit d'autant ; car la
plus longue nuit est toujours égale au plus long jour.
D'où l'on conclura que le 80.ᵉ degré de latitude est
dans le 5.ᵉ climat de mois, et au tiers de ce climat.

59. PROBLÈME XVII. Déterminer à quelle latitude
le plus long jour est de 5 mois.

R. J'élève le Pôle de manière qu'il y ait 150° de l'écliptique, qui, à minuit même, ne disparoissent pas sous l'horizon ; et je trouve que c'est à 84° de latitude, soit méridionale, soit septentrionale.

60. Problème XVIII. Déterminer le jour où le Soleil passe perpendiculairement sur un lieu proposé.

R. Il faut que ce lieu soit entre les tropiques.

Je suppose que ce soit Lima. Je cherche le lieu de l'écliptique qui a une déclinaison égale à la latitude de cette ville ; je trouve le second degré du Scorpion et le 28.e du Verseau, dont l'un répond au 25 octobre, et l'autre au 16 février.

61. Problème XIX. Déterminer l'endroit où le Soleil est perpendiculaire le 5 avril.

R. Le Soleil est ce jour-là dans le 15.e du Bélier ; et ce degré est à 6° de déclinaison septentrionale : le Soleil sera donc perpendiculaire pour tous les lieux qui auront 6° de latitude septentrionale.

62. Problème XX. Trouver le point de la terre où le Soleil est perpendiculaire à un jour et à une heure proposée : par exemple, le 2 mai, lorsqu'il est 7 heures 24 minutes du matin à Lyon.

R. Le Soleil étant ce jour-là dans le 12.e du Taureau, aura 15° de déclinaison septentrionale, et sera perpendiculaire successivement au Méridien de tous les lieux qui auront ces 15° de latitude septentrionale. Pour savoir le lieu où il est midi à l'heure proposée, je compte à partir de Lyon 69° vers l'orient : sur le Méridien éloigné de celui de Lyon de ces 69°, je prends 15° de latitude septentrionale, et je rencontre Goa : c'est là que le Soleil est perpendiculaire au jour et à l'heure marquée.

63. Problème XXI. Trouver tous les lieux de la terre, où le Soleil se lève et se couche à un jour et

à

à une heure proposée ; par exemple, le 1.ᵉʳ septembre, quand il est 8 heures du matin à Lyon.

R. Le Soleil est au 9.ᵉ de la Vierge. J'élève le Pôle d'autant de degrés que le 9.ᵉ de la Vierge a de déclinaison, c'est-à-dire de 8°; de sorte que le 9.ᵉ degré de la Vierge passe au Zénith, et que le Soleil ait pour horizon lumineux l'horizon même du globe. Cela fait, je tourne le globe, jusqu'à ce que Lyon soit à 60° du Méridien vers l'occident; dans cette position, le Soleil étant dans le Méridien et au Zénith, se lève pour tous les lieux qui sont dans l'horizon à l'occident du Méridien, et se couche pour tous ceux qui sont dans l'horizon à l'orient, puisqu'en effet tous ces lieux sont à 90° du point où le Soleil est alors perpendiculaire.

Je pourrois encore, par le moyen du Problème XX, chercher sur quel lieu le Soleil est perpendiculaire au jour et à l'heure proposée : ce lieu trouvé, je le prends pour centre, et en promenant le compas ouvert de 90°, je trouve qu'il marque à l'orient les lieux pour lesquels le Soleil se couche, et à l'occident les lieux pour lesquels il se lève.

64. Problème XXII. Trouver la hauteur du Soleil pour Lyon, le 25 septembre, à 4 heures du soir *.

R. Le lieu du Soleil, ce jour-là, est le 3.ᵉ de la Balance : je place ce degré à 60° du Méridien, et je prends avec un compas sa hauteur perpendiculaire sur l'horizon : l'arc d'un grand cercle, tel que l'Equateur ou le Méridien, compris entre les pointes du compas, me fera connoître que cette hauteur est de 18°.

65. Problème XXIII. Trouver la hauteur du Soleil pour Mexico, le 24 septembre, lorsqu'il est 5 heures 30 minutes du soir à Lyon.

R. Je trouve, par le Problème XX, que le Soleil est alors perpendiculaire sur Quito au Pérou. Je mesure avec le compas à combien de degrés Mexico est

E

de Quito, j'en trouve 3o. Il s'en faut donc de 3o° que le Soleil ne soit au Zénith de Mexico. Je soustrais ces 3o° de 9o° hauteur du Zénith: restent 6o°, hauteur du Soleil à Mexico pour l'heure proposée.

Il suit de là que prenant pour centre le lieu où le Soleil est perpendiculaire, je trouverai sans peine avec le compas la hauteur du Soleil pour tel lieu du monde que je voudrai; et qu'en promenant le compas ouvert de 4o°, par exemple, il passera sur tous les lieux où le soleil dans ce moment est elevé de 5o° sur l'horizon.

66. PROBLÈME XXIV. Trouver l'heure du commencement de l'aurore et de la fin du crépuscule, le 7 octobre à Lyon *.

R. Je détermine, par le Problème XII, l'heure du lever et du coucher du Soleil pour le jour et le lieu proposés. Puis je tourne le globe, jusqu'à ce que le 14.ᵉ de la Balance soit abaissé verticalement de 18° au dessous de l'horizon. L'arc de l'Equateur compris entre le point de ce dernier cercle qui se trouvoit au Méridien en même temps que le 14.ᵉ de la Balance à l'horizon, et le point du même cercle qui arrive au Méridien, en même temps que le 14.ᵉ de la Balance arrive à 18° verticalement au dessous de l'horizon, est de 28°. Réduits en heures, ces 28° donnent 1 heure 52 minutes que je retranche de l'heure du Soleil levant pour avoir le commencement de l'aurore, et que j'ajoute au Soleil couchant pour avoir la fin du crépuscule; ce qui donne 4 heures 38 minutes du matin pour l'une, et pour l'autre 7 heures 22 minutes du soir. Tout ceci est fondé sur ce que notre atmosphère ne réfléchit et ne nous renvoie les rayons du Soleil, que quand cet astre est à moins de 18° au dessous de l'horizon.

DES ÉTOILES FIXES.

67. Les Etoiles fixes sont des astres lumineux par eux-mêmes, qui conservent toujours la même position et la même distance entre eux, sans jamais s'en écarter.

L'éloignement des Etoiles est immense. Il est démontré que 70 millions de lieues ne sont qu'un point par rapport à la distance même des plus voisines de nous, et que cette distance ne peut être moindre que 7 trillions de lieues. Un boulet de canon parcourt 100 toises en une seconde. Qu'on le suppose voler toujours avec la même rapidité, il ne lui faudra pas moins de 5060882 ans pour franchir l'espace qui nous sépare des Etoiles.

Il n'est pas douteux que les Etoiles ne soient lumineuses par elles-mêmes. Elles se trouvent à une distance si prodigieuse du Soleil, qu'il seroit impossible que la lumière de cet astre allât jusqu'à elles, pour revenir de là frapper nos yeux avec l'éclat si vif dont nous les voyons briller. Aussi doit-on les regarder comme autant de soleils autour desquels pourroient tourner un ou plusieurs globes semblables à celui de la terre.

68. On compte environ 2000 étoiles à la vue simple; mais le Télescope en fait découvrir une multitude innombrable dans tous les points du ciel. La *Voie lactée*, que le vulgaire appelle le *chemin de Saint-Jacques*, n'est qu'un amas, une fourmilière d'étoiles invisibles à cause de leur éloignement, et si amoncelées, qu'elles forment une blancheur non-interrompue.

69. Les étoiles ont plusieurs mouvemens apparens, produits par le mouvement réel de la terre. Les principaux sont 1.º le mouvement diurne commun à tout le ciel, qui leur fait décrire d'orient en occident des parallèles à l'Equateur. 2.º Un autre d'occident en orient, parallèle à l'Ecliptique : celui-ci est très-lent, puisqu'il ne s'achève qu'en près de 26,000 ans. Son effet est 1.º de déplacer insensiblement l'axe et les pôles du monde, et de leur faire décrire un cercle autour des pôles de l'Ecliptique (7 et 23); 2.º de déplacer avec la même lenteur le point où l'Ecliptique coupe l'Equateur ; et de le faire répondre successivement à diverses étoiles d'orient en occident : de sorte que la première étoile du Bélier qui étoit, il y a 2000 ans, au point d'intersection de ces deux cercles, en est aujourd'hui à 30º vers l'orient, et les Poissons ont pris la place du Bélier. C'est ce qu'on appelle la *Précession des Equinoxes.* Aussi quand on cherche le lieu du Soleil ou d'une planète sur le globe céleste, il faut, sans s'embarrasser des constellations réelles du Bélier, etc., compter les signes de 30º en 30º, en supposant le premier degré du Bélier au point de l'équinoxe du printemps.

70. Les étoiles, à raison de leur grandeur, se divisent en sept classes. On n'en compte ordinairement que 15 de la première grandeur, visibles en France, savoir : Sirius, ou le Grand-Chien ; l'Epaule orientale d'Orion ; Rigel, ou le pied occidental d'Orion ; Aldébaran, ou l'œil du Taureau ; la Chèvre ; la Lyre ; Arcture, dans le Bouvier ; Antarès, ou le cœur du Sorpion ; Régulus, ou le cœur du Lion ; Procyon, ou le Petit-Chien ; Fomahaut, ou la bouche du Poisson austral ; le cœur de l'Aigle ; la queue du Cygne et l'épi de la Vierge. L'Etoile polaire, plusieurs des étoiles de la Grande-Ourse, etc., sont de la seconde

grandeur. Les étoiles de la septième grandeur, ne sont visibles qu'au télescope. Cette diversité de grandeur peut n'être qu'apparente et venir de la différence dans l'éloignement des étoiles.

71. Les étoiles, à raison de leur nombre, se partagent en divers amas ou constellations. Les anciens comptoient 48 constellations. Les modernes en ont ajouté 52; de sorte qu'on en représente jusqu'à 100, dans les cartes et sur les globes célestes. Les principales, outre les douze signes du Zodiaque, qu'il est important de bien connoître, sont : au nord de l'écliptique, la Grande-Ourse, la Petite-Ourse, Cassiopée, Andromède, Pégase, Persée, le Cocher, le Bouvier, la Couronne, Hercule, le Serpentaire, l'Aigle, la Lyre, le Cygne et le Dauphin. Les principales constellations, au midi de l'écliptique, sont : Orion, le Grand-Chien, le Petit-Chien, l'Hydre, la Coupe, le Corbeau, le Poisson austral et la Baleine.

72. Nous allons voir la manière de reconnoître dans le ciel les principales constellations.

Si, au mois de janvier ou de février, vers les sept ou huit heures du soir, on regarde le ciel du côté du midi, on remarque trois étoiles égales, fort près l'une de l'autre sur une ligne droite, au milieu d'un très-grand carré long formé de quatre autres étoiles dont deux de la première grandeur sont : l'une *Rigel* ou le pied occidental, l'autre l'*Epaule* orientale de la belle constellation d'*Orion*. Les trois étoiles du milieu s'appellent le *Baudrier d'Orion;* elles indiquent par leur direction vers l'orient *Sirius* ou le *Grand-Chien*, la plus belle étoile du ciel; et vers l'occident, mais plus haut, les *Pléiades*, groupe de petites étoiles qui sont sur le dos du *Taureau*. *Aldébaran* ou l'*Œil du Taureau* est sur la ligne qui va des *Pléiades* au *Baudrier d'Orion*.

Procyon ou le *Petit-Chien* est situé au nord de *Sirius* et à l'orient de l'*Epaule d'Orion*.

Arcture, principale étoile du *Bouvier*, est dans le prolongement de la ligne qui, de l'Etoile polaire, passe par la queue de la *Grande-Ourse*, à 30° de celle-ci (3).

Les deux têtes des *Gémeaux*, de la seconde grandeur, assez proches l'une de l'autre, sont situées au milieu de l'espace qu'il y a entre *Orion* et la *Grande-Ourse*.

La *Petite-Ourse*, dont l'étoile polaire occupe l'extrémité de la queue, a la même figure à peu près que la *Grande-Ourse*.

Régulus ou le *Cœur du Lion* est sur la ligne menée de *Rigel* par *Procyon*, un peu à l'occident de la ligne menée de l'étoile polaire par les étoiles A et B de la *Grande-Ourse*.

Ce qu'on appelle la *Nébuleuse du Cancer* est un amas d'étoiles moins sensibles que celles des *Pléiades*; on le rencontre un peu au dessous de la ligne qui va des *Gémeaux* au *Cœur du Lion*, ou de *Procyon* à la queue de la *Grande-Ourse*.

Le *Cocher*, grand pentagone irrégulier, est sur la ligne qui va d'*Orion* à l'étoile polaire, ou d'*Aldébaran* à la *Grande-Ourse* : on y remarque la *Chèvre*.

La tête du *Bélier* a deux étoiles de troisième grandeur aussi proches l'une de l'autre que le sont entre elles les deux têtes des *Gémeaux*. On la reconnoît par une ligne menée de *Procyon* aux *Pléiades*, et prolongée de 20° au delà.

La *Ceinture de Persée* forme comme un arc courbé vers la *Grande-Ourse* : elle est sur la ligne tirée de l'étoile polaire aux *Pléiades*.

Le *Carré de Pégase* est formé par quatre étoiles de la seconde grandeur. La plus boréale des quatre est la *Tête d'Andromède*. La ligne tirée des étoiles

A et B de la *Grande-Ourse* par l'étoile polaire va passer au delà du Pôle sur le milieu du *Carré de Pégase*; la ligne tirée du *Baudrier d'Orion* par les *Pléiades* ou par le *Bélier* va rencontrer la *Tête d'Andromède.*

La ligne tirée de la *Grande-Ourse* par l'étoile polaire va rencontrer de l'autre côté du Pôle, et à une distance égale, *Cassiopée* qui d'ailleurs est remarquable par plusieurs étoiles de la seconde grandeur.

L'une des diagonales du *Carré de Pégase* se dirige au nord-ouest vers la *Queue du Cygne*. Le *Cygne* se fait remarquer par sa forme qui est celle d'une grande croix. La ligne menée des *Gémeaux* à l'étoile polaire va rencontrer le *Cygne* de l'autre côté et à pareille distance du Pôle.

73. Les constellations qui paroissent en été n'ont pas des caractères aussi marqués que celles d'hiver; mais on les reconnoîtra par le moyen des précédentes.

Quand le milieu de la *queue de la Grande-Ourse* est au plus haut du ciel (ce qui arrive à neuf heures du soir, à la fin de mai) on voit l'*Epi de la Vierge* dans le Méridien du côté du midi.

On voit alors, un peu à droite et plus bas que l'*Epi de la Vierge*, le *Corbeau* qui forme un carré irrégulier.

La ligne menée du milieu de la *Grande-Ourse* par *Régulus* va rencontrer le *Cœur de l'Hydre*, étoile de la seconde grandeur.

La *Coupe*, située entre l'*Hydre* et le *Corbeau*, forme, comme celui-ci, un carré irrégulier assez remarquable.

La *Lyre*, l'une des plus brillantes étoiles de tout le ciel, fait un triangle rectangle avec *Arcture* et l'*Etoile polaire*, l'angle droit étant vers l'orient à la *Lyre*.

La *Couronne* est sur la ligne menée de la *Lyre* à *Arcture*, plus près de celui-ci.

Le *Cœur de l'Aigle*, au midi de la *Lyre* et du *Cygne*, est entre deux autres étoiles plus petites et qui en sont fort proche.

La ligne qui passe par *Régulus* et l'*Epi de la Vierge* (c'est à peu près l'Ecliptique), va rencontrer plus à l'orient le front du *Scorpion*, dont les étoiles forment un grand arc du nord au sud. Plus loin, encore vers l'orient, on rencontre *Antarès* ou le *Cœur du Scorpion*.

La ligne menée du *Scorpion* à la *Lyre*, passe entre la *Tête d'Hercule*, étoile de la troisième grandeur, à l'occident, et la *Tête du Serpentaire*, de la seconde grandeur, à l'orient, un peu au midi de la ligne menée d'*Arcture* au *Cœur de l'Aigle*. Elles sont tout proche l'une de l'autre.

La *Balance* a deux étoiles de la seconde grandeur, qui en forment les deux bassins : on les rencontre en allant du front du *Scorpion*, soit à *Arcture*, soit à l'*Epi de la Vierge*.

Le *Sagittaire* est à l'orient du *Scorpion*, sur le prolongement de la ligne qui va de l'*Epi de la Vierge* à *Antarès :* plusieurs étoiles de la troisième grandeur le font aisément reconnoître.

La *tête du Capricorne* a deux étoiles de la troisième grandeur, à 2° l'une de l'autre, sur le prolongement de la ligne qui va de la *Lyre* au *Cœur de l'Aigle*. *Fomahaut* ou la *bouche du Poisson austral*, se trouve à 35° de la *tête du Capricorne*, vers le sud-est.

Le *Dauphin* est formé par un petit losange de quatre étoiles de la troisième grandeur, à 15° environ à l'orient de l'*Aigle*.

En allant du *Dauphin* à *Fomahaut*, on passe entre les *deux épaules du Verseau*, qui sont deux étoiles de la troisième grandeur, à 10° l'une de l'autre.

La ligne menée de la *Chèvre* par les *Pléiades*, va passer sur la tête de la *Baleine*, étoile de la troisième grandeur.

Les *Poissons* n'ont point d'étoiles remarquables : ils occupent l'espace qui est au midi du *Carré de Pégase*, entre le *Verseau* et la *tête du Bélier*.

74. Avant de faire usage du Globe céleste, il y a quelques remarques à faire sur sa construction.

Le Globe céleste ressemble au Globe terrestre pour l'horizon, le Méridien et le cercle horaire. Il tourne de même sur deux Pôles, qui représentent les Pôles du monde. On y distingue encore l'Equateur, les deux Tropiques, les deux Polaires et l'Ecliptique. Il a cela de particulier, qu'on y voit tracés de grands cercles, semblables à des Méridiens; mais qui en diffèrent, parce qu'ils se coupent tous à 23° 28' des Pôles, et coupent perpendiculairement, non pas l'Equateur, mais l'Ecliptique, au premier degré de chaque signe. Ce sont des cercles de longitude, parce que leur distance à 30° les uns des autres, sert à fixer la longitude des étoiles par lesquelles ils passent. Car la longitude d'une étoile est sa distance au premier degré du Bélier, comptée sur l'Ecliptique, comme la latitude d'une étoile est sa distance à l'Ecliptique. Sur le contour du Globe, sont figurées les principales constellations.

Problèmes à résoudre par le moyen du Globe céleste.

75. PROBLÈME premier. Déterminer les étoiles qui peuvent paroître sur l'horizon d'un lieu quelconque; par exemple, de Lyon, celles qui ne se couchent jamais, celles qui passent au Zénith * (i).

R. J'élève le Pôle arctique d'autant de degrés que Lyon en a de latitude, c'est-à-dire de 45° 46'; puis je fais tourner le Globe céleste. Toutes les étoiles qui paroîtront sur l'horizon du Globe, paroîtront aussi sur celui de Lyon; celles qui seront à moins de 45° 46' du Pôle, ne se coucheront jamais; enfin celles qui en seront éloignées de 44° 14', passeront au Zénith de Lyon.

76. PROBLÈME II. Trouver l'ascension droite et oblique, et la déclinaison d'un astre, par exemple, de Sirius.

R. L'ascension droite d'un astre est l'arc compris entre le point de l'Equinoxe du printemps et le degré de l'Equateur qui se trouve dans le Méridien en même temps que l'astre : j'amène donc Sirius sous le Méridien : le degré de l'Equateur qui y répond en même temps, marque 99°, ascension droite de Sirius.

L'ascension oblique est l'arc compris entre le même point de l'Equinoxe et le degré de l'Equateur qui se lève en même temps que l'astre : je place donc Sirius

---

(i) Pour résoudre les Problèmes où se trouve cette marque *, il faut élever le Globe horizontalement pour le lieu proposé (43).

dans l'horizon ; le degré de l'Equateur qui y répond en même temps, marque 117°, ascension oblique de Sirius.

La déclinaison d'un astre est sa distance à l'Equateur : je place donc Sirius sous le Méridien, et je lui trouve 16° 30′ de déclinaison méridionale.

77. PROBLÈME III. Trouver quelle est, à une heure et pour un lieu quelconque, l'ascension droite du Méridien ou du milieu du ciel ; c'est-à-dire quelles sont les étoiles qui passent alors au méridien ; par exemple, le 24 octobre, lorsqu'il est 8 heures du soir.

R. Le lieu du Soleil ce jour-là est le premier du Scorpion auquel je trouve 208° d'ascension droite. Je compte depuis ce point, sur l'Equateur d'occident en orient, huit fois 15° ou 120° ; je tombe au 328.ᵉ degré que je place sous le méridien : toutes les étoiles qui s'y trouvent alors sont celles qui y doivent passer à huit heures du soir, puisqu'elles sont ce jour-là de 120° plus orientales que le Soleil.

78. PROBLÈME IV. Trouver à quelle heure Sirius ou toute autre étoile passe au méridien, un jour proposé.

R. Je cherche par le second problème l'ascension droite du Soleil, puis celle de Sirius ou de toute autre étoile ; et j'en prends la différence que je compte d'occident en orient, depuis le Soleil jusqu'à l'astre : cette différence, réduite en heures, me donne celle du passage de l'astre au méridien. Si la différence étoit de plus de douze heures, elle indiqueroit le passage de l'astre pour le lendemain ; et le passage pour le jour proposé auroit eu lieu quatre minutes plus tard., parce que le Soleil gagne tous les jours environ un degré d'ascension droite.

79. PROBLÈME V. Déterminer l'heure du lever ou

du coucher d'un astre, pour un jour et un lieu proposés *.

R. Je cherche par le problème second l'ascension oblique du Soleil, puis celle de l'astre : j'en prends la différence (78) qui, réduite en heures, me donne celles qui s'écouleront entre le lever ou le coucher du Soleil et le lever ou le coucher de l'astre.

80. Problème VI. Trouver quel jour une étoile passe au Méridien à une heure fixée; par exemple, à 10 heures du soir.

R. Je prends l'ascension droite de l'étoile, puis je cherche quel est le point de l'écliptique qui a 150° de moins d'ascension droite : ce point sera le lieu du Soleil, puisqu'il passera au Méridien 10 heures avant l'étoile, c'est-à-dire à midi : or il est facile de trouver à quel jour de l'année répond tel point de l'écliptique que l'on voudra (45).

81. Problème VII. Trouver quelles sont les étoiles qui se lèvent, celles qui se couchent, celles qui sont dans le Méridien, pour un lieu et un jour quelconques et pour tel temps que l'on voudra après le coucher ou avant le lever du Soleil *.

R. Je place le lieu du Soleil pour ce jour-là dans l'horizon oriental, s'il est question du lever; puis je fais tourner le globe vers l'orient d'autant de fois 15° qu'on a fixé d'heures avant le lever du Soleil : s'il est question du coucher, je place le lieu du Soleil dans l'horizon occidental, et je fais tourner le globe vers l'occident d'autant de fois 15° qu'on a fixé d'heures après le coucher du Soleil. Dans l'un et l'autre cas, l'horizon et le Méridien du globe céleste me désignent les étoiles cherchées et en général toute la situation du ciel; de sorte que si je place alors le globe sur une méridienne, je verrai les constellations du ciel répondre exactement à celles qui sont dessinées sur le globe.

82. PROBLÈME VIII. Trouver l'heure qu'il est pendant la nuit, par le moyen des étoiles.

R. J'observe quelles sont les étoiles qui passent alors au Méridien; puis je cherche par le problème IV à quelle heure elles ont dû y passer : ou bien j'examine quelque étoile qui se lève ou se couche alors; puis je cherche par le problème V à quelle heure elle a dû se lever ou se coucher.

83. PROBLÈME IX. Trouver le jour du lever et du coucher *héliaque* de Sirius pour Lyon.

R. Lorsque le Soleil dans sa course annuelle (11), après avoir traversé une constellation, en est assez loin pour se lever environ une heure plus tard, la constellation commence à paroître le matin en se levant avant le Soleil; c'est ce qu'on appelle son lever *héliaque.* De même le coucher *héliaque* arrive lorsque le Soleil s'approchant de la constellation, celle-ci cesse d'être aperçue le soir dans l'occident après le coucher du Soleil. Une étoile de la première grandeur peut s'apercevoir le matin à son lever ou le soir à son coucher, pourvu que le Soleil soit à 12° au dessous de l'horizon.

Cela posé, pour résoudre le problème, je place Sirius dans l'horizon oriental et j'examine quel est le degré de l'écliptique situé verticalement à 12° sous l'horizon: c'est le 27.ᵉ du Lion où le soleil se trouvera le 18 août, jour du lever héliaque de Sirius. Je place ensuite Sirius dans l'horizon occidental, et j'examine le degré de l'écliptique situé verticalemeut à 12° sous l'horizon : c'est le 16.ᵉ du Taureau où le Soleil se trouvera le 7 mai, jour du coucher héliaque de Sirius.

Les anciens auteurs parlent assez souvent du lever et du coucher héliaque des étoiles.

DU SOLEIL, DES PLANÈTES

ET DES COMÈTES.

84. Le Soleil est un globe de feu d'une grosseur prodigieuse, destiné par le Créateur à éclairer et à échauffer tout ce qui l'environne, à la distance de plusieurs centaines de millions de lieues. Son diamètre est de 320 mille lieues; mais ce diamètre immense, vu de la terre, n'occupe qu'un demi-degré dans le ciel.

On découvre sur le disque du Soleil grand nombre de taches dont quelques-unes sont quatre ou cinq fois plus grosses que la terre : ces taches ont fait connoître que le Soleil tourne sur lui-même en vingt-cinq jours et demi d'orient en occident.

La lumière que nous envoie le Soleil est lancée avec une vitesse inconcevable; elle ne met que huit minutes environ à franchir les 34 millions de lieues qui séparent le Soleil de la terre ; c'est plus de 70,000 lieues par seconde.

85. Les Planètes sont des astres qui n'ont d'autre lumière que celle qu'elles reçoivent du Soleil , et qui ont chacune un mouvement propre et particulier; de sorte qu'elles paroissent répondre successivement à différens points du ciel. On compte aujourd'hui sept principales Planètes : Mercure, Vénus, la Terre, Mars, Jupiter, Saturne, Uranus (*l*). Il y a outre cela des Planètes secondaires appelées *Lunes* ou *Satellites*.

(*l*) On pourroit y ajouter *Cérès*, *Pallas*, *Junon* et *Vesta*, nouvellement découvertes, toutes quatre situées entre Mars et Jupiter. Elles sont fort petites, Vesta surtout qui n'a que 57 lieues et demie de diamètre.

86. Ptolomée, ancien astronome, enseignoit que la Terre étoit immobile au centre de l'univers, et que le Soleil, avec toutes les planètes et toutes les étoiles, faisoit le tour de la Terre en 24 heures. Copernic, astronome polonais du seizième siècle, frappé des absurdités nombreuses que présente le système de Ptolomée, en imagina un autre plus satisfaisant. Selon ce nouveau système, le Soleil occupe le centre; autour du Soleil tournent la Terre et les autres planètes, à des distances différentes et dans des temps plus ou moins longs; au delà et à une grande distance sont les étoiles fixes, immobiles aussi bien que le Soleil. (fig. II.)

87. Bien des preuves viennent à l'appui du système de Copernic. En voici quelques-unes des plus simples. 1.º Si l'on ne veut pas que la Terre tourne sur elle-même, il faut que le Soleil, qui est 1400 mille fois plus gros que la Terre, fasse tous les jours autour d'elle un cercle de 200 millions de lieues; il faut que toutes les planètes grandes ou petites en fassent autant, et quelques-unes dix et vingt fois plus encore; il faut que les étoiles fixes, ces globes énormes qui sont à une distance presque infinie de la Terre, achèvent de même autour d'elle une révolution dont il est impossible de se figurer l'immense étendue, et tout cela dans l'espace de 24 heures. On s'épargne cette dépense prodigieuse de mouvemens en supposant avec Copernic que la Terre, qui en comparaison de tous ces globes n'est qu'un atome, tourne sur elle-même en 24 heures : ce qui produit les mêmes apparences que celles qui s'offrent dans le ciel. 2.º Aucun des autres systèmes ne peut expliquer tous les mouvemens des corps célestes. 3.º Dans le système de Copernic, tout s'explique de la manière la plus naturelle, comme on va le voir.

88. En premier lieu, il suffit que nous tournions avec la Terre d'occident en orient, pour que le Soleil et tous les astres nous paroissent tourner au contraire d'orient en occident; de même à peu près que les arbres qui bordent le rivage semblent à nos yeux aller en sens contraire de celui du bateau qui nous porte. Tel est le mouvement diurne ; il nous donne les jours et les nuits, comme on peut s'en convaincre en faisant tourner sur elle-même une petite boule à la lumière d'une bougie qui représentera le Soleil. On verra cette boule successivement éclairée dans tous ses points ; le Soleil se lèvera pour les points de la boule qui, par l'effet de la rotation, commenceront à sortir de l'ombre; il sera midi pour ces mêmes points arrivés au milieu de la partie éclairée de la boule ; le Soleil se couchera pour eux quand ils rentreront dans l'ombre : enfin il sera minuit pour eux quand ils seront arrivés au milieu de la partie obscure.

La bougie, ou le Soleil, n'éclaire jamais à la fois qu'une moitié de la boule ; tandis que certains points sortent de l'ombre, d'autres y rentrent, d'autres sont plus ou moins éloignés du milieu de la partie éclairée ou obscure, etc. C'est exactement ce qui arrive à l'égard de la Terre.

89. En second lieu, supposons que la Terre, en même temps qu'elle tourne 365 fois sur elle-même, décrive autour du Soleil un grand cercle d'occident en orient; le Soleil nous paroîtra tourner lui-même autour de la Terre dans le même sens et dans le même espace de 365 jours. Ainsi (fig. III.) soit S le Soleil au centre; le cercle TR, l'orbite annuelle de la Terre; IKLN, le cercle céleste où paroissent les douze signes. Si la Terre est au point T, le Soleil lui paroît répondre au signe L de la Balance; et la Terre T, vue du Soleil S, paroît répondre au signe I du Bélier. Mais si

la

la Terre, en faisant sa révolution, arrive au point R, le Soleil alors lui paroît avoir été de L en N, signe du Capricorne ; et la Terre vue du Soleil, paroît être avancée de I en K, signe du Cancer. C'est ainsi que la Terre décrivant une orbite TR qui la fait répondre successivement à tous les signes du Zodiaque, doit voir le Soleil répondre lui-même tour à tour à chacun de ces signes : et par conséquent le mouvement annuel de la Terre doit produire le mouvement apparent du Soleil dans l'Ecliptique.

90. En troisième lieu, pour concevoir la diversité et le retour des saisons, je trace sur une boule un Equateur, deux Tropiques et deux Pôles ; puis je la fais tourner autour d'une bougie, parallèlement à la table ou au plancher, mais de manière que les pôles et l'axe de la boule soient inclinés et penchent de 23 ou 24 degrés, et qu'ils regardent toujours le même point vers lequel je les aurai d'abord inclinés. Si, en commençant son tour, la boule présente son Equateur perpendiculairement aux rayons de la bougie, c'est l'équinoxe, celui du printemps, par exemple : lorsqu'elle sera au quart de son tour, elle présentera perpendiculairement à la lumière, non plus l'équateur, mais un tropique ; c'est le solstice d'été : à la moitié de son tour, elle présentera de nouveau l'équateur ; c'est le second équinoxe, celui d'automne : aux trois quarts du tour, elle présentera le second tropique ; c'est le solstice d'hiver ; enfin le tour étant achevé, elle présentera de nouveau l'équateur ; et le printemps recommencera.

91. En quatrième lieu, quant à l'inégalité des jours et des nuits, on peut s'en convaincre par ses yeux, en observant que lorsque la boule présente perpendiculairement l'équateur à la lumière, les deux tropiques et tous les autres cercles parallèles qu'on pourroit

F

tracer entre eux et l'équateur, sont coupés en deux parties égales, dont l'une est éclairée et l'autre obscure; et que quand la boule présente, non plus l'équateur, mais un tropique à la lumière, ce tropique est coupé en deux parties très-inégales, dont la plus grande est éclairée, et la plus petite est obscure, tandis que tout le contraire arrive pour l'autre tropique.

C'est ainsi que, dans le système de Copernic, l'inclinaison de l'axe de la Terre et son parallélisme, c'est-à-dire, sa direction constante vers un même point du Ciel, expliquent clairement le retour des saisons, l'inégalité des jours et des nuits, etc.

92. Les Planètes décrivent autour du Soleil, non pas des cercles, mais des ellipses ou ovales. Chacune de ces orbites coupe l'Ecliptique en deux points opposés qu'on appelle *Nœuds*. C'est afin de pouvoir renfermer toutes ces orbites, dont la direction s'éloigne plus ou moins de celle de la Terre, qu'on a donné au Zodiaque 9° de largeur de chaque côté de l'Ecliptique. Les Planètes vont, comme la Terre, selon l'ordre des signes, d'occident en orient.

93. Mais comment la terre et les autres Planètes peuvent-elles rester suspendues, et se mouvoir, sans se précipiter les unes sur les autres? Pour le comprendre, il faut supposer ici ce qui d'ailleurs paroît démontré; sayoir: que le Créateur, en tirant les astres du néant, leur a imprimé deux forces primitives: l'une est une force *d'Attraction*, par laquelle ils sont attirés et tendent vers le Soleil qui occupe le centre; comme une pierre, par un effet de la même force, tend vers le centre de la Terre: l'autre est une force de *Projection* en ligne droite, qui les feroit s'échapper de leur orbite, s'ils n'y étoient sans cesse retenus par la première force. C'est le concours de ces deux

forces qui maintient les astres en équilibre au milieu des espaces célestes, et leur fait décrire des orbites elliptiques autour du Soleil ; à peu près comme la pierre d'une fronde décrit un cercle, tant qu'elle est retenue par la corde qui représente la force d'attraction, et s'échappe pour obéir à la force de projection que lui donne la main, dès qu'on a lâché la corde qui la retenoit.

94. Nous avons dit (85) que les Planètes sont des corps opaques, et qu'elles reçoivent leur lumière du Soleil. En voici la preuve.

Mercure et Vénus faisant leurs révolutions dans des orbites plus petites que celle de la Terre, passent quelquefois précisément entre la Terre et le Soleil : on les voit alors traverser, comme des taches noires, le disque du Soleil ; ce qui n'arriveroit pas, s'ils étoient lumineux par eux-mêmes. D'ailleurs, on distingue avec le télescope des phases dans Mars et dans Vénus (106). Enfin, Jupiter, Saturne et Uranus sont souvent éclipsés par leurs Satellites dont on voit l'ombre se promener sur ces trois Planètes.

95. Les *Satellites* sont de petites Planètes qui tournent autour de quelques Planètes principales, et qui servent à les dédommager de l'absence ou de l'éloignement du Soleil. Ainsi la Lune est le Satellite de la Terre : Jupiter, qui est beaucoup plus éloigné du Soleil, a quatre Lunes : Saturne, qui est une fois plus éloigné que Jupiter, en a 7, et outre cela un anneau lumineux qui l'environne. On en a déjà découvert 6 à Uranus. Tous ces Satellites ne peuvent s'apercevoir qu'à l'aide d'excellentes lunettes : ils sont, aussi bien que Jupiter et Saturne, des corps opaques, puisqu'ils les éclipsent et en sont éclipsés tour à tour.

96. Une Planète est en *Conjonction*, quand elle

est vers le même degré du Zodiaque que le Soleil ;
elle est en *Opposition*, quand elle paroît dans les
points du ciel opposés à celui où se trouve le Soleil ;
ceci a lieu pour les Planètes supérieures, c'est-à-dire,
plus éloignées que nous du Soleil ; telles que Mars,
Jupiter, Saturne, Uranus, etc. Pour les Planètes
inférieures, telles que Vénus et Mercure, elles ont
deux conjonctions, l'une supérieure au delà du Soleil,
et l'autre inférieure en deçà.

Vénus et Mercure paroissent le matin dans l'orient,
après leur conjonction inférieure ; et le soir dans l'occident, après leur conjonction supérieure. Au contraire,
quand Mars, Jupiter, Saturne, etc. se couchent le
soir, ils approchent de leur conjonction ; ils en sortent, quand on ne les aperçoit que le matin.

97. Toutes les Planètes décrivant des ellipses, se
trouvent tantôt plus près du Soleil, c'est le *Périhélie ;*
et tantôt plus éloignées, c'est l'*Aphélie*. De même,
leur plus grande proximité de la Terre, est leur
Périgée ; et leur plus grand éloignement, est leur
Apogée.

98. Le tableau ci-joint contient le résultat des principales observations faites sur la distance, le diamètre,
la grosseur, la révolution, la rotation, la vitesse, le
mouvement annuel, la longitude, etc. des principales
Planètes.

Remarquez que les mouvemens et les longitudes
attribuées aux Planètes dans ce Tableau, sont celles
qu'elles auroient, vues du Soleil ; mais que pour la
Lune, c'est le mouvement et la longitude, vue de la
Terre, puisque c'est autour de la Terre, que la Lune
fait sa révolution.

99. Au premier coup d'œil il paroît étonnant que
l'on ait pu déterminer la distance des Planètes au
Soleil. La chose devient facile à concevoir, quand on

sait ce que c'est que la *Parallaxe.* Une Planète observée en même temps de deux différens endroits de la Terre, paroît répondre à deux différens points du ciel étoilé : c'est la distance d'un de ces points du ciel à l'autre, exprimée en degrés, minutes, etc. qu'on appelle *Parallaxe.* Soit, par exemple, (fig. IV.) la Terre ODT, l'astre A, et le ciel étoilé EF. Si un observateur placé au point O, regarde l'astre A, il le verra dans l'horizon vis-à-vis l'étoile F. Qu'un autre observateur placé au point D, regarde en même temps le même astre A, il le verra à son zénith vis-à-vis l'étoile E, comme il le verroit s'il étoit placé au point T qui est le centre de la Terre. Les rayons visuels OA et TA des deux observateurs, et le demi-diamètre OT de la Terre, formeront le triangle TOA, dans lequel on connoît le côté OT de 1500 lieues, l'angle droit formé au point O par les deux lignes TO et AO, l'angle formé au point A par les deux lignes OA et TA, et dont la mesure est la distance de l'étoile E à l'étoile F, exprimée en degrés. Or, la Géométrie démontre que dans tout triangle, lorsqu'on connoît deux angles et un côté, on trouve les deux autres côtés. Il sera donc facile, dans le triangle TOA de connoître le côté TA, et par conséquent la longueur de la ligne DA qui est la distance cherchée d'une Planète quelconque à la Terre.

L'incertitude qu'il peut y avoir sur la distance de la Terre et des autres Planètes au Soleil, est d'environ une cinquantième partie du total ; peut-être même n'est-elle pour la Terre que de 100 mille lieues, ce qui est bien peu de chose sur près de 35 millions.

100. Les *stations* et les *rétrogradations* des Planètes sont des irrégularités apparentes, causées par le mouvement annuel de la Terre et par celui des

autres Planètes. Les Planètes inférieures, telles que
Mercure et Vénus, sont *directes*, c'est-à-dire,
avancent selon l'ordre des signes, dans leurs conjonctions supérieures : elles sont *rétrogrades*, c'est-
à-dire, paroissent aller contre l'ordre des signes,
dans leurs conjonctions inférieures. Entre le mouvement direct et le mouvement rétrograde, il y a
nécessairement un temps où ces Planètes paroissent
être *stationnaires*, c'est-à-dire, n'avancer ni ne
reculer.

Pour rendre raison de ces apparences, inexpli-
cables dans tout autre système que celui de Copernic, supposons avec lui l'orbite ABCP de Mercure
(fig. V.), l'orbite de la Terre DEFM, et le Zodiaque GZXY. Supposons encore Mercure en conjonction supérieure au point A qui répond au Bélier G,
et la Terre par conséquent au point D. Si la Terre,
un mois après, s'est avancée jusqu'au point E ; dans
le même temps, Mercure qui achève sa révolution
en trois mois, en aura fait le tiers ; il sera venu du
point A au point B, selon l'ordre des signes d'occident en orient, et répondra au point X du ciel. Du
point B au point C, il sera stationnaire pendant
quelques jours, parce que vu de la Terre, qui aura
été de E en F, il paroîtra répondre au même point X
du ciel. Que la Terre, pendant le mois suivant,
aille de F en M, Mercure qui fait alors le second
tiers de sa révolution, et qui s'approche de la conjonction inférieure, s'avance de C en P, et paroît,
vu de la Terre, rétrograder de X en Z contre l'ordre
des signes. Il en est de même de Vénus.

Si l'on suppose la Terre à la place de Mercure,
et Jupiter à la place de la Terre, on se convaincra,
par le même raisonnement, que les Planètes supérieures sont directes en conjonction, et rétrogrades
en opposition.

101. Les Comètes que l'ignorance a fait long-temps regarder comme des présages sinistres, sont aujourd'hui reconnues pour des astres de la même nature, et assujettis aux mêmes lois que les Planètes. Elles n'en diffèrent qu'en ce qu'elles parcourent des ellipses extrêmement allongées, telles que ABCD bien différentes de l'ellipse EFG d'une Planète (fig. VI) : ce qui fait qu'elles ne se montrent que peu de temps à la fois, pour disparoître ensuite, et s'enfoncer dans l'immensité des espaces célestes pendant un grand nombre d'années, après quoi elles reparoissent de nouveau. Le Soleil autour duquel les Comètes circulent, est assez près d'une des extrémités de l'ellipse : il y a des Comètes qui, dans leur périhélie, passent si près de cet astre, qu'elles doivent éprouver alors une chaleur mille fois plus vive que celle d'un fer rouge ; mais qui ensuite, dans leur aphélie, doivent être gelées jusqu'au centre. S'il y avoit des habitans dans les Comètes, il faudroit qu'ils fussent d'une constitution bien extraordinaire, pour vivre ainsi tour à tour dans la glace et dans le feu. Les Comètes sont ordinairement accompagnées d'une espèce de queue ou de chevelure brillante, qui paroît venir des exhalaisons que la force de la chaleur élève sur les Comètes dans leur périhélie.

102. PROBLÈME. Trouver à peu près le lieu des Planètes dans le Zodiaque pour tel jour que l'on voudra.

R. Connoissant, par le Tableau des Planètes (98), 1.° la longitude de chaque Planète vue du Soleil pour une époque (*m*) ; 2.° la durée de la révolution qui ramène chaque Planète au même point de son

---

(*m*) La longitude des planètes se compte de la même manière que celle des étoiles (74).

orbite ; je décris (fig. VII) le cercle PRT orbite de
la Terre dont le Soleil S occupe le centre. Je décris
encore le cercle AV orbite de la Planète dont j'ai à
chercher le lieu, et je donne à ce dernier cercle un
demi-diamètre, qui ait avec le demi-diamètre du
cercle PRT, à peu près la même proportion qui se
trouve entre la distance de la Terre au Soleil et
celle de la Planète en question. Si c'est Vénus, je
donnerai au demi-diamètre de son orbite AV, un
peu plus des deux tiers du demi-diamètre de l'orbite
terrestre RT. Je divise le cercle AV, ou le
cercle PRT, en signes, et même en degrés.

Cela fait, si je veux savoir le lieu où l'on aper-
cevra Vénus le premier janvier 1808, je compte
combien elle a fait de révolutions complètes depuis
le premier janvier 1800, époque à laquelle elle
avoit, selon la Table (98), 4ˢ 25° de longitude (21 et 74). Du premier janvier 1800, jusqu'au
premier janvier 1808, il y a 8 années, parmi lesquelles une bissextile (112) : ces huit années font
2921 jours. Je divise ce nombre par 225 jours,
valeur approchée d'une révolution de Vénus. Le
quotient donne douze révolutions que je néglige.
Le reste 221 jours est la quantité dont Vénus sera
avancée dans sa treizième révolution au premier
janvier 1808. J'établis donc cette proportion : Si
Vénus en 225 jours parcourt les douze signes,
combien en parcourra-t-elle en 221 jours ? Le résultat
de cette opération donne 11ˢ 23° parcourus en ces
221 jours : j'ajoute ce mouvement à la longitude
4ˢ 25° ; la somme est 4ˢ 18°, longitude approchée
de Vénus au premier janvier 1808. Elle sera donc,
ce jour-là, vers le dix-huitième du Lion. Je la place
à ce point V, dans la fig. VII. Je place de même
la Terre au degré de longitude qu'elle aura le

même jour, au point T, c'est-à-dire, au dixième du Cancer, puisque le Soleil sera alors au dixième du Capricorne : puis, par V, je tire TI, et la ligne SP parallèle à TI ; le point P, c'est-à-dire le vingt-quatrième du Scorpion, est le lieu de Vénus, vue de la Terre le premier janvier 1808.

Pour bien comprendre que c'est au point P, et non au point I, qu'on doit apercevoir Vénus, il suffit de faire attention que si ces deux points sont différens dans la figure VII, ils ne font qu'un dans la réalité : c'est-à-dire qu'à la distance où nous sommes des étoiles, le Soleil et la Terre paroissent occuper le même point qui est comme le centre de la sphère étoilée, et que par conséquent les parallèles tirées de la Terre et du Soleil se confondent en une seule ligne, et aboutissent au même point du ciel ; ce qui ne peut arriver dans la figure VII, où la Terre et le Soleil sont si proches du cercle sur lequel sont tracés les signes du Zodiaque.

103. Si nous voulons nous former une idée de l'extrême petitesse des Planètes relativement au Soleil, de leurs distances respectives à cet astre, et de l'espace immense qui sépare les étoiles fixes de notre système planétaire, supposons le diamètre du globe terrestre, d'une ligne seulement, au lieu de 2864 lieues qu'il a réellement ; et réduisons, dans la même proportion, la grosseur et la distance des globes célestes. D'après cette échelle,

Le diamètre de la Lune sera . . . $\frac{1}{11}$ de ligne.
. . . . . . de Mercure. . . . . . $\frac{2}{7}$
: . . . . . de Vénus . . . . . . $\frac{9}{10}$
. . . . . . de Mars . . . . $\frac{6}{11}$
. . . . . . de Jupiter . . 11 lignes.
. . . . . . de Saturne . . 10
. . . . . . d'Uranus. . . 4 . . . $\frac{1}{7}$
. . . . . . du Soleil 9 pouc. 4. . . . . .

D'où il suit, que la grosseur des sphères étant comme le cube de leurs diamètres respectifs, le volume de toutes ces Planètes réunies n'est pas la 600.me partie de celui du Soleil.

Dans la même supposition du diamètre de la Terre, réduit à une ligne et pris pour échelle, la distance

de la Lune à la Terre sera . . . . . 2 pouces 6 lignes.
de Mercure au Soleil 5 toises 1 pied.
de Vénus. . . . 9 toises 5 pieds.
de la Terre . . . 13 t. . . 5 pi.
de Mars . . . . . 18 t. . . 4 pi.
de Jupiter . . . 72 t. . . 1 pi.
de Saturne . . . 132 t.
d'Uranus . . . . 264 t.

des étoiles même les plus voisines, 1254 lieues; distance 200,000 fois au moins plus grande que les 34 millions de lieues que l'on compte d'ici au Soleil; distance énorme et presque inconcevable, en comparaison de laquelle le Soleil et la Terre se touchent, et ne forment qu'un point imperceptible (67, 84, 98).

DE LA LUNE.

104. La Lune est une Planète du second ordre, qui sert de satellite à la Terre (95), et qui tourne autour d'elle douze fois environ, tandis que la Terre elle-même tourne une fois autour du Soleil. Le mouvement diurne, qui fait que la Lune se lève et se couche tous les jours, n'est, comme pour les autres astres, qu'une apparence causée par le mouvement journalier de notre globe sur son axe (88).

La Lune est, après le Soleil, l'astre du ciel le plus remarquable, quoique le plus petit. Son diamètre paroît presque égal à celui du Soleil (84); mais il n'est en effet que le quart de celui de la Terre, c'est-à-dire de 780 lieues; de sorte que la Lune est 49 fois plus petite que la Terre. Elle ne paroît si grosse, que parce qu'elle est très-voisine de nous. Sa distance est de 86324 lieues; et sur cette distance, il n'y a pas 50 lieues d'incertitude.

105. La Lune a un mouvement propre (85). On a observé qu'en même temps qu'elle se lève et se couche avec les autres astres, elle retarde chaque jour, et semble rester en arrière des étoiles, ou reculer vers l'orient. Ce mouvement est si prompt, qu'il s'achève dans l'espace de 27 jours 7 heures 43'; de sorte que la Lune qui seroit aujourd'hui près d'une étoile, s'en trouvera demain à 13° vers l'orient, après-demain à 26°, etc. jusqu'à ce qu'au bout des 27 jours, elle soit revenue se placer près de l'étoile où on l'avoit vue d'abord.

Si la Lune, au point d'où je l'ai supposée partir, étoit en opposition (96), elle ne se retrouvera pas pour cela en opposition au bout des 27 jours, quoiqu'elle ait parcouru le cercle entier des 12 signes. La raison en est toute simple. Pendant les 27 jours, la Terre s'est avancée de près de 30° dans son orbite (89); la Lune ne la retrouve donc pas au point où elle l'avoit laissée; il lui faut encore près de deux jours et demi pour l'atteindre et se mettre de nouveau en opposition. Cette révolution, d'une opposition à l'autre, ou plutôt d'une conjonction à l'autre, est ce qu'on appelle *Lunaison;* elle s'achève en 29 jours 12 heures 44 minutes.

106. La Lune étant un corps opaque, comme le montrent assez ses éclipses, n'a de lumière que celle

qu'elle reçoit du Soleil ; et nous en voyons une partie éclairée plus ou moins grande , selon la position qu'occupe cette Planète à notre égard. Ces divers changemens de figure ou de lumière sont ce que nous appelons *Phases.*

La Lune, après avoir disparu pendant trois ou quatre jours (c'est la nouvelle Lune), reparoît le soir à l'occident, après le coucher du Soleil, sous la forme d'un croissant. En continuant de s'avancer vers l'orient et de s'éloigner du Soleil, la partie lumineuse nous paroît de plus en plus grande ; et elle devient un demi-cercle à nos yeux, lorsque la Lune arrive à 90° du Soleil : c'est le premier quartier. Sept ou huit jours après, elle paroît ronde et pleine ; elle passe à minuit au méridien ; elle est en opposition : c'est la pleine Lune. On voit ensuite la partie éclairée diminuer de la même manière qu'elle avoit augmenté , et redevenir un demi-cercle : c'est le dernier quartier. Puis, à mesure qu'elle se rapproche du Soleil, on la voit se réduire en un croissant , et finir par se perdre dans les rayons de cet astre, pour reparoître de l'autre côté quelques jours après, et présenter les mêmes phénomènes.

Il est à observer que dans le croissant, c'est-à-dire avant la pleine Lune, la partie lumineuse est vers l'occident ; et que dans le déclin, c'est-à-dire après la pleine Lune, elle est vers l'orient.

107. La lumière cendrée que l'on aperçoit sur le disque de la Lune, en dedans du croissant, quelques jours avant et après la conjonction, n'est que la lumière du Soleil que la Terre réfléchit sur la Lune. Car alors la partie lumineuse de la Terre est tournée toute entière vers la partie obscure de la Lune, et l'éclaire assez pour produire cette lumière cendrée que nous y apercevons. Il suit de là que la Terre

doit présenter à la Lune les mêmes phases que la
Lune présente à la Terre, avec cette différence,
que la Terre paroît à la Lune treize fois plus grande
que la Lune ne paroît à la Terre.

108. Les taches de la Lune sont des parties plus
obscures, sur la nature desquelles on est encore
partagé. Les uns les regardent comme des lacs,
des mers, etc. D'autres prétendent que ces taches
viennent de la diversité des matières dont est composé le globe de la Lune. Ce qu'il y a de sûr, c'est
que le télescope fait voir cette Planète toute hérissée
de trous, de cavernes, de vallées profondes, et de
hautes montagnes dont plusieurs ont près d'une
lieue et demie d'élévation. La Lune emploie à
tourner sur elle-même précisément le même temps
qu'elle met à tourner autour de la Terre ; aussi
nous présente-t-elle toujours le même hémisphère.
On n'y remarque ni nuages, ni atmosphère, d'où il
suivroit qu'elle n'auroit ni pluies, ni rosées, ni
brouillards, etc. Sa lumière n'a aucune chaleur :
elle est 300 mille fois moindre que celle du Soleil.

109. PROBLÈME I. Connoissant l'âge de la Lune,
trouver quelle heure il est pendant la nuit.

R. L'âge de la Lune est le temps écoulé depuis
la conjonction jusqu'à l'instant demandé. Il faut se
souvenir que la Lune en conjonction passe au méridien en même temps que le Soleil ; que le lendemain, se trouvant à 12° à l'orient du Soleil, elle
arrive au méridien 48′ plus tard que la veille, et
qu'elle retarde d'autant tous les jours.

Ainsi, il n'y a qu'à ajouter à l'heure que la Lune
marque sur un cadran solaire, autant de fois 48′ qu'il
y a de jours écoulés depuis le moment de la dernière
conjonction.

110. PROBLÈME II. Trouver l'âge de la Lune, par le moyen de l'heure qu'elle donne sur le cadran.

R. Il faut remarquer la différence entre l'heure du Soleil et celle que donne la Lune sur le cadran, puis chercher combien de fois 48′ il y a dans cette différence (109) : le nombre trouvé exprimera en jours l'âge de la Lune.

DU CALENDRIER.

111. Le *Calendrier* est une distribution du temps, disposée pour les usages de la vie, et qui contient l'ordre des jours, des semaines, des fêtes, des années, etc.

112. L'année *solaire* est le temps que la Terre emploie à faire sa révolution autour du Soleil.

La Terre achève cette révolution dans l'espace de 365 jours six heures. Ces six heures négligées font, au bout de quatre ans, un jour entier que l'on place dans le mois de février de chaque quatrième année : et c'est cette quatrième année de 366 jours que l'on appelle *Bissextile*. Telles sont les années 1808, 1812, 1816, etc.

L'année *lunaire* est composée de 12 lunaisons ; elle ne contient que 354 jours ; elle en a par conséquent onze de moins que l'année solaire.

113. De même qu'il y a des années solaires et des années lunaires, il y a aussi des mois solaires et des mois lunaires. Les mois solaires ont tous 30 et 31 jours, excepté le mois de février qui n'a que 28 jours dans les années communes, et 29 dans les bissextiles. Le mois lunaire est le temps qu'il y a d'une nouvelle Lune à la suivante : ce temps est de 29 jours 12 heures 44′. Dans l'usage, on fait les

mois lunaires alternativement de 29 et de 30 jours ; au bout de quelque temps, les 44' négligées font un jour entier dont on tient compte.

114. Les *Lettres Dominicales* sont les premières lettres de l'alphabet : A, B, C, D, E, F, G. On les appelle ainsi, parce qu'elles servent tour à tour à marquer tous les Dimanches de l'année. Dans le Calendrier, A se met à côté du premier jour de janvier, B à côté du second, ainsi des autres jusqu'à G qui se trouve toujours à côté du 7 janvier. Si la lettre dominicale d'une année est A, tous les jours de cette année qui auront vis-à-vis d'eux la lettre A, seront des Dimanches. Il en est de même des autres lettres. Elles suivent, d'une année à l'autre, l'ordre rétrograde ; de sorte que si la lettre dominicale d'une année est C, celle de l'année suivante sera B ; si celle d'une année est A, celle de l'année suivante sera G, etc. Les années bissextiles ont deux lettres dominicales ; l'une sert jusqu'au 24 février, l'autre sert tout le reste de l'année.

115. Le *Cycle solaire* est une révolution de 28 ans, au bout desquels les lettres dominicales, et par conséquent les Dimanches, arrivent aux mêmes jours du mois. L'année 1811 sera la 28.ᵉ du Cycle solaire courant. Le Cycle solaire dans les *Calendriers perpétuels*, sert à faire connoître la lettre dominicale de chaque année : celles de 1808 étoient C et B ; celle de 1810 est G, etc.

116. Le *Cycle lunaire* est une révolution de 19 années solaires, après lesquelles les nouvelles Lunes arrivent aux mêmes jours du mois. Le nombre qui marque l'année du Cycle lunaire, s'appelle *Nombre d'Or*. L'année 1810 est la sixième du Cycle courant.

117. Une *Epacte* est le nombre de jours dont la

dernière nouvelle Lune d'une année précède le
commencement de l'année suivante. L'année lunaire
n'étant que de 354 jours, la Lune, au bout de
l'année commune, se trouve avoir 11 jours de plus
qu'elle n'avoit l'année précédente à la même époque.
Ainsi, supposé que la nouvelle Lune ait commencé
avec l'année au premier janvier, à la fin de cette
année, il y aura douze lunaisons complètes d'écou-
lées, et la treizième lunaison aura déjà 11 jours : à
la fin de l'année suivante, la Lune aura 22 jours ;
au bout de la troisième année, elle auroit 33 jours ;
mais on en ôte 30, qui feront un mois intercalaire :
restent trois jours pour l'âge de la Lune. Au bout de
la quatrième année on lui trouvera 14 jours, et ainsi
de suite, toujours de 11 en 11, en ôtant 30 jours
quand ils s'y trouvent, et ne tenant compte que de
l'excédant qui sera l'Epacte. Toutes les années du
Cycle lunaire gagnent ainsi 11 jours sur la précédente, excepté la dernière qui en gagne 12.

Ces Epactes sont marquées, dans le Calendrier
perpétuel, depuis 30 ou * jusqu'à 1, à côté de
chaque jour du mois ; de sorte que l'Epacte 30 ou *
répond au premier janvier, 29 au second, etc., à
recommencer dans le même ordre. L'Epacte de 1810
est 25, celle de 1811 sera 6, etc. (*n*).

118. Les Epactes servent à faire connoître les
nouvelles Lunes ecclésiastiques ; c'est-à-dire que les
nouvelles Lunes d'une année arrivent aux jours où
se trouve le nombre qui désigne l'Epacte de cette
année-là. Ainsi, l'année 1808 ayant 3 d'Epacte, les
nouvelles Lunes de 1808 tomberont aux 28 Janvier,
26 Février, 28 Mars, 26 Avril, 26 Mai, 24 Juin,

(*n*) On trouve des extraits du Calendrier perpétuel à la
tête des Missels Bréviaires et autres livres d'Église.

24 Juillet,

24 Juillet, 22 Août, 1 Septembre, 20 Octobre, 19 Novembre, et 18 Décembre, parce que l'Epacte 3 se trouve dans le Calendrier vis-à-vis tous ces jours. Les nouvelles Lunes ecclésiastiques retardent presque toujours un peu sur les nouvelles Lunes *vraies* et sur les nouvelles Lunes *moyennes* astronomiques (129).

119. PROBLÈME. Trouver, par le moyen du Calendrier, le jour où tombe la fête de Pâques.

R. Pour résoudre ce Problème, il faut remarquer que l'Eglise a ordonné qu'on célébreroit la Pâque le premier Dimanche d'après la pleine Lune qui tombe au 21 ou après le 21 Mars. Sachant qu'en 1808, par exemple, l'Epacte est 3 (117), je trouve dans le Calendrier une nouvelle Lune le 28 Mars : je compte 14 jours depuis le 28 inclusivement, et je trouve la pleine Lune le 10 Avril. Ce 10 Avril est un Dimanche, puisqu'il est marqué de la lettre dominicale B, qui est celle de 1808 (114 et 115) : il faut donc aller, selon la règle de l'Eglise, jusqu'au Dimanche suivant 17 Avril ; c'est le jour où s'est célébrée la fête de Pâques en 1808. On trouvera de la même manière que Pâques en 1809 est le 2 Avril ; en 1810, le 22 Avril, etc. Lorsqu'on connoît Pâques, il est facile de trouver toutes les autres fêtes mobiles de l'année, puisque l'Ascension est 40 jours après Pâques, la Pentecôte 10 jours après l'Ascension, etc.

DES ÉCLIPSES

DE SOLEIL ET DE LUNE.

120. Une Eclipse de Soleil est un obscurcissement de la Terre, occasioné par l'interposition de la Lune entre la Terre et le Soleil ; ce qui ne peut arriver, que lorsque la Lune est en conjonction. Une éclipse

G

de Lune est un obscurcissement de la Lune causé
par l'interposition de la Terre entre le Soleil et la
Lune ; ce qui n'arrive que lorsque la Lune est en
opposition (96 et 105).

121. Puisque tous les quinze jours la Lune est
en opposition ou en conjonction, il semble qu'il
devroit y avoir des Eclipses tous les quinze jours ;
et en effet, cela auroit lieu, si l'orbite de la Lune
étoit dans le même plan que celle de la Terre ; mais
elle lui est inclinée de 5° environ. Les deux points où
elle la coupe, s'appellent *Nœud ascendant* et *Nœud
descendant ;* l'un, par lequel la Lune passe au nord
de l'Ecliptique ; l'autre, par lequel elle descend au
midi de l'Ecliptique. Il ne peut donc y avoir Eclipse,
que quand la Lune, en conjonction ou en opposition,
se trouve dans les Nœuds ou proche des Nœuds.
Les demi-diamètres apparens du Soleil et de la Lune
étant chacun d'environ 16′, il faut que les deux
centres soient éloignés de moins de 32′, pour que
le disque de la Lune puisse couvrir au moins en
partie celui du Soleil. De même, le demi-diamètre
de l'ombre de la Terre étant d'environ 46′ au plus,
il faut que la latitude de la Lune, c'est-à-dire sa
distance à l'Ecliptique, ne surpasse pas 63′, pour
qu'elle puisse entrer dans l'ombre.

122. On divise les Eclipses en *totales* et *partielles ;* totales, quand l'astre est éclipsé tout entier ;
partielles, quand il ne l'est qu'en partie. Les Eclipses
totales prennent le nom de *centrales*, quand la Lune
étant dans un nœud, et la Terre ou le Soleil dans
l'autre, le centre des trois astres est sur la même ligne.
Pour mesurer la grandeur de l'Eclipse, on suppose
le disque du Soleil et de la Lune divisé en 12 parties
qu'on appelle *doigts :* ainsi une Eclipse de 3 doigts,
par exemple, est une Eclipse dans laquelle le quart
de l'astre est obscurci.

Le diamètre de la Lune apogée est plus petit que celui du Soleil périgée (97); c'est pourquoi si dans cette circonstance il arrive une Eclipse de Soleil centrale, on voit le disque du Soleil déborder autour de celui de la Lune, et former un anneau lumineux, qui fait donner à cette Eclipse le nom d'*annulaire*. Si, au contraire, au moment d'une Eclipse de Soleil centrale, cet astre est apogée, et la Lune périgée, il est totalement éclipsé pendant deux minutes; les ténèbres prennent la place du jour, et l'on voit les étoiles en plein midi. Ce phénomène est un des spectacles les plus singuliers et les plus curieux que présente la nature; mais il est rare : il n'aura pas lieu pour la France dans tout le cours du 19.ᵉ siècle.

123. La Terre et la Lune étant beaucoup plus petites que le Soleil, leurs ombres ont la forme d'un cône, et se terminent en pointe. L'ombre de la Terre, arrivée à la Lune, a encore 1100 lieues de diamètre; c'est pourquoi la Lune, dont le diamètre n'est que de 780 lieues, peut être entièrement obscurcie. L'ombre de la Lune, quand elle arrive jusqu'à la Terre, n'a que 60 lieues de diamètre au plus, dans les Eclipses totales de Soleil; ainsi il n'y a qu'une petite partie de la Terre qui puisse être obscurcie : et les habitans de la Lune, s'il y en a, voient l'ombre de leur planète se promener sur notre globe, sous la figure d'un petit point noir de 80 lieues de circonférence. Les plus longues éclipses de Soleil ne vont pas à 3 heures; les plus longues de Lune ne vont pas à 5.

124. Ces principes nous apprennent ce que nous devons penser de l'Eclipse de Soleil, qui eut lieu le jour de la mort de Notre-Seigneur Jésus-Christ.

Quand même cette Eclipse auroit été causée par la Lune, elle seroit miraculeuse, puisqu'elle s'étendit sur toute la terre, quoique l'ombre de la Lune, sur la terre, n'ait que 60 lieues de diamètre. Mais elle n'a pu être causée par la Lune : car N. S. mourut pendant les fêtes de la Pâque des Juifs, qui arrivoit le jour de la pleine Lune. Or, dans le temps de la pleine Lune, il est impossible que le Soleil en soit éclipsé, puisqu'alors c'est la Terre qui est entre la Lune et le Soleil. Aussi, les auteurs même païens de ce temps-là, parlent-ils de cette Eclipse, comme d'un évènement extraordinaire et merveilleux, qui fut consigné comme tel dans les archives de l'Empire romain.

125. PROBLÈME PREMIER. Trouver les Eclipses de Soleil, par exemple, celles de l'année 1808.

R. Nous supposerons 1.° qu'une Eclipse de Soleil est possible, quand cet astre est à moins de 20° d'un des nœuds de la Lune ; et qu'elle est nécessaire, lorsqu'il en est à 15° seulement. 2.° Que le Soleil, dans le cours d'une lunaison qui est de 29 jours 12 heures 44 minutes, s'éloigne du nœud de 30° 40′ 15″. 3.° Que les nœuds de la Lune étant à 180° l'un de l'autre, le Soleil ne peut s'éloigner de l'un sans se rapprocher de l'autre ; qu'ainsi en le supposant, par exemple, à 170° du premier, il sera nécessairement à 10° du second. 4.° Que dans les Tables suivantes (127 et 128), toutes les fois qu'on a trouvé le Soleil à plus de 180° d'un nœud, on en a retranché les 180° pour ne faire usage que de l'excédant.

Pour résoudre le problème, il faut trouver deux choses : 1.° les conjonctions de 1808 (120) ; 2.° le lieu du nœud de la Lune au moment de chaque conjonction (121).

126. Cela posé, sachant, par le Tableau des planètes (98), que le 31 Décembre 1799 à midi, la Lune avoit 11 signes 5° 39′ de longitude, et que son mouvement annuel est de 4 signes 9° 23′ ; je vois

qu'en 8 années communes, elle a dû parcourir 34^s 15° 4'. A cette quantité, j'ajoute 13° 11' pour le jour bissextile de 1804 ; j'y ajoute encore 6° 35' 30" pour les 12 heures qu'il y a du 31 Décembre 1807 à midi jusqu'au minuit suivant. Ces trois sommes font ensemble 35^s 4° 56' 30", mouvement total de la Lune depuis le 31 Décembre 1799 jusqu'au 1 Janvier 1808. J'ajoute à ce mouvement la latitude qu'avoit la Lune le 31 Décembre 1799 ; ce qui fait 46^s 10° 30'. J'en soustrais autant de fois 12 signes qu'il est possible (162) ; restent 10^s 10° 31', longitude de la Lune au moment où commence le 1 Janvier 1808.

La longitude du Soleil, pour le même instant, est 9^s 10° 24' (98). La différence des deux longitudes est donc 10^s 29° 54', que la Lune aura à parcourir pour se trouver en conjonction. Ces 10^s 29° 54', à raison de 12° 11' 26" que la Lune gagne chaque jour sur le Soleil, se feront en 27 jours 1 heure 53 minutes.

Ainsi, la première conjonction ou nouvelle Lune de 1808 sera le 28 Janvier à 1 heure 53 minutes du matin. Les conjonctions suivantes, à raison de 29 jours 12 heures 44 minutes par lunaison, auront lieu * :

Le 26 Février,	à 2 heures	37 minutes	du soir.
Le 27 Mars,	à 3 h.	21 m.	du matin.
Le 25 Avril,	à 4 h.	5 m.	du soir.
Le 25 Mai,	à 4 h.	49 m.	du matin.
Le 23 Juin,	à 5 h.	33 m.	du soir,
Le 23 Juillet,	à 6 h.	17 m.	du matin.
Le 21 Août,	à 7 h.	1 m.	du soir.
Le 20 Septembre,	à 7 h.	45 m.	du matin.
Le 19 Octobre,	à 8 h.	29 m.	du soir.
Le 18 Novembre,	à 9 h.	13 m.	du matin.
Le 17 Décembre,	à 9 h.	57 m.	du soir.

(*) Pour trouver sans peine ces conjonctions : par exemple, celle de Février, 1.° on soustrait les 28 jours 1 heure

127. Il faut un second calcul pour trouver le lieu du nœud au moment de la conjonction de Janvier 1808. Le 31 Décembre 1799, le nœud ascendant avoit un signe 3° 15′ de longitude ; et son mouvement annuel est de 19° 20′ contre l'ordre des signes. En 8 années communes, il a donc rétrogradé de 5ˢ 4° 40′ ; et du 1.ᵉʳ Janvier 1808 au 28 du même mois, il a encore rétrogradé de 1° 26′ ; ce qui donne 5ˢ 6° 6′ pour le mouvement total du nœud. Je soustrais cette somme de 1ˢ 3° 15′, ou ce qui est la même chose, de 13ˢ 3° 15′ ; restent 7ˢ 27° 9′, longitude du nœud au moment de la première conjonction de 1808.

La longitude du Soleil, pour le moment de cette conjonction, est de 10ˢ 7°. La différence des deux longitudes est donc de 2ˢ 9° 51′, ou de 69° 51′, dont le Soleil est alors éloigné du nœud ; ainsi il ne pourra y avoir Eclipse à la conjonction du 28 Janvier (125). Pour chaque lunaison, j'ajoute 30° 40′ 15″ à la distance du Soleil au nœud. Le Soleil sera donc éloigné du nœud :

Le 26 Février,	de 100° 31′ 15″	
Le 27 Mars,	de 131° 11′ 30″	
Le 25 Avril,	de 161° 51′ 45″	
Le 25 Mai,	de 12° 32′ 0″	Eclipse nécessaire.
Le 23 Juin,	de 43° 12′ 15″	
Le 23 Juillet,	de 73° 52′ 30″	
Le 21 Août,	de 104° 32′ 45″	
Le 20 Septembre,	de 135° 13′ 0″	
Le 19 Octobre,	de 165° 53′ 15″	Eclipse possible.
Le 18 Novembre,	de 16° 33′ 30″	Eclipse possible.
Le 17 Décembre,	de 47° 13′ 45″	

53 minutes, ci-dessus trouvés, de 31 jours dont est composé Janvier : le reste est 2 jours 22 heures 7 minutes. 2.° On soustrait ces 2 jours 22 heures 7 minutes de 29 jours 12 heures 44 minutes, dont est composé chaque lunaison : le reste, qui est 26 jours 14 heures 37 minutes, indique la conjonction de Février.

Février compte ici 29 jours, parce que 1808 est bissextile.

Il sera facile , en continuant ce calcul, de trouver les Eclipses de Soleil pour l'année 1809 et pour les suivantes.

128. PROBLÈME II. Trouver les éclipses de Lune, par exemple, celles de 1808.

R. Aux suppositions annoncées au commencement du premier problème (125), nous ajouterons que les éclipses de Lune sont possibles quand le Soleil est à moins de 14° 30′ d'un des nœuds de la Lune, et qu'elles sont nécessaires lorsqu'il en est à 7° 30′ seulement.

Pour résoudre le problème , il faut trouver les oppositions de 1808 (120), et le lieu du nœud au moment de chaque opposition : ce qui, d'après les calculs précédens, n'a plus de difficultés.

1.° Les oppositions. Si , de la conjonction du 28 Janvier , on retranche une demi-lunaison , c'est-à-dire , 14 jours 18 heures 22 minutes , on trouvera l'opposition précédente au 13 Janvier à 7 heures 31 minutes du matin (126) ; et les oppositions suivantes auront lieu :

Le 11 Février,	à	8 heures	15 m.	du soir.
Le 12 Mars,	à	8 h.	59 m.	du matin.
Le 10 Avril,	à	9 h.	43 m.	du soir.
Le 10 Mai,	à	10 h.	27 m.	du matin.
Le 8 Juin,	à	11 h.	11 m.	du soir.
Le 8 Juillet,	à	11 h.	55 m.	du matin.
Le 7 Août,	à	0 h.	39 m.	du matin.
Le 5 Septembre,	à	1 h.	23 m.	du soir.
Le 5 Octobre,	à	2 h.	7 m.	du matin.
Le 3 Novembre,	à	2 h.	51 m.	du soir.
Le 3 Décembre,	à	3 h.	35 m.	du matin.

2.° Le lieu du nœud au moment de chaque opposition. Le Soleil se trouvant à 69° 51′ du nœud, au moment de la conjonction de Janvier 1808 (127), n'en étoit qu'à 54° 30′ 52″ lors de l'opposition du 13 Janvier, c'est-à-dire de 15° 20′ 8″ plus proche. Il en sera donc éloigné :

Le 11 Février,	de	85°	11′	7″
Le 12 Mars,	de	115°	51′	22″
Le 10 Avril,	de	146°	31′	37″
Le 10 Mai,	de	177°	11′	52″ Eclipse nécessaire.
Le 8 Juin,	de	27°	52′	7″
Le 8 Juillet,	de	58°	32′	22″
Le 7 Août,	de	89°	12′	37″
Le 5 Septembre,	de	119°	52′	52″
Le 5 Octobre,	de	150°	33′	7″
Le 3 Novembre,	de	1°	13′	22″ Eclipse nécessaire.
Le 3 Décembre,	de	31°	53′	37″

En continuant le calcul, on trouvera sans difficulté les éclipses de Lune pour l'année 1809 et pour les suivantes.

129. REMARQUE. Les calculs employés dans les deux problèmes précédens, sont fondés sur le mouvement *moyen* de la Lune ; c'est-à-dire sur le mouvement qu'elle auroit si elle avançoit dans son orbite avec une vitesse uniforme et régulière. Car la Lune (et il en est de même des autres planètes) a une marche, tantôt plus accélérée, tantôt plus lente, selon qu'elle se trouve dans son périgée ou dans son apogée (97) ; de sorte qu'entre une conjonction moyenne et une conjonction vraie, il y a quelquefois plus de 12 heures de différence. Aussi est-il à observer que le tableau du N.° 98 ne présente que la longitude moyenne, les mouvemens moyens des planètes (118). Pour trouver l'heure vraie des conjonctions ou oppositions, et par conséquent l'heure précise des éclipses, leur durée, leur grandeur, etc., il faudroit entrer dans de longs calculs dont cet Abrégé n'est pas susceptible.

DE LA GNOMONIQUE.

130. La *Gnomonique* est l'art de construire des *Cadrans*.

Le Cadran *solaire* est une surface sur laquelle sont tracées des lignes qui marquent les heures par l'ombre d'un style. Il y a trois principaux Cadrans, le sphérique, l'horizontal, le vertical.

131. Le Cadran *sphérique* est le plus simple et le plus naturel des Cadrans.

Pour le construire, je prends un globe sur lequel soient tracés un Equateur, des Pôles, et des Méridiens ou cercles *horaires* de 15° en 15° (51). Je place et je fixe au Soleil ce globe ainsi divisé, de sorte que son axe soit parallèle à l'axe du monde, et que le cercle horaire où j'aurai inscrit 12 heures, soit au point le plus élevé de l'Equateur du globe. Il est clair que le globe, dans cette situation, représentera exactement la position de la Terre ; que le Soleil parcourra 15° du globe, par heure, d'orient en occident ; et qu'à chaque heure, il passera vis-à-vis de l'un des cercles horaires ; de sorte que s'il est actuellement sur celui qui marque 2 heures, il sera dans 60′ sur celui qui marque 3 heures, etc.

Pour connoître sur lequel des cercles est le Soleil, j'adapte aux deux pôles du globe un demi-cercle horaire mobile, que je tourne vers le Soleil jusqu'à ce qu'il ne donne plus d'ombre ni à droite ni à gauche : le cercle horaire sur lequel se trouvera alors le demi-cercle mobile, marquera l'heure qu'il est au Soleil.

132. Pour concevoir ce que c'est qu'un cadran *horizontal*, rappelons-nous ce que nous venons de dire du cadran sphérique ; mais supposons que ce

cadran sphérique soit évidé, de sorte qu'il n'en reste plus que l'axe et les méridiens ou cercles horaires. Quand le Soleil est vis-à-vis l'un de ces cercles, l'ombre se dirige de la partie supérieure du cercle sur l'axe, de là sur la partie inférieure du même cercle, et enfin va tracer une ligne droite sur le plan horizontal qui soutient le globe. Que le Soleil passe à un autre cercle, l'ombre passe de même à la partie inférieure de ce nouveau cercle, sans jamais quitter l'axe autour duquel elle tourne, et va tracer une autre ligne sur le plan horizontal. On conçoit de même d'autres lignes horizontales, tracées successivement par l'ombre des différens cercles horaires : et comme ceux-ci se coupent tous aux pôles du globe, de même les lignes que forme leur ombre, se coupent toutes en un point du plan où iroit aboutir l'axe du globe s'il étoit prolongé. A ce point, plaçons un *style* ou une aiguille parallèle à l'axe ; l'ombre de ce style éclairé par le Soleil, ira tomber sur la ligne qu'auroit tracée sur le plan l'ombre de l'axe et du cercle horaire où l'on supposera le Soleil ; elle marquera la même heure ; et par conséquent on aura un vrai cadran horizontal.

133. Ainsi soit (fig. VIII.) l'Equateur ABC divisé de 15° en 15° par des méridiens ou cercles horaires CE, IL, UV, etc. qui se coupent ou se croisent tous dans l'axe P ; soit aussi la ligne horizontale F G, perpendiculaire à l'un de ces méridiens C E qui sera par conséquent le cercle horaire de midi. Si le Soleil est en D, il répondra au méridien CE, l'ombre du point supérieur C tombera sur l'axe P et de là sur le point inférieur E opposé au point C. Si le Soleil arrive au point H, l'ombre du point I, toujours passant par l'axe P, tombera au point L, et de là au point M du plan. Le Soleil allant aux points N et Q, l'ombre ira de même par les points V et T aux

points R et S, et ainsi de suite. Ces principes bien compris, suffisent pour entendre la construction de toute espèce de cadrans.

134. PROBLÈME I. Tracer une Méridienne horizontale.

R. On appelle *Méridienne* horizontale , une ligne droite exactement dirigée du nord au sud, et qui marque tous les jours midi , au moment où elle est couverte par l'ombre d'un style élevé perpendiculairement à l'une de ses extrémités.

Pour trouver cette ligne essentielle à la Gnomonique , je choisis un plan bien horizontal et immobile, qui soit éclairé du Soleil quelques heures avant et après midi. J'y trace plusieurs cercles concentriques de différentes grandeurs, et j'élève au centre commun une aiguille ou un style perpendiculaire. Le matin , je marque le point où le sommet de l'ombre du Soleil passe sur un de ces cercles en s'accourcissant : le soir, je marque encore le point où le sommet de l'ombre en s'allongeant repasse sur le même cercle. Le Soleil, quand il répond à l'un de ces deux points, doit avoir la même hauteur sur l'horizon que quand il répond à l'autre; et par conséquent il doit se trouver à une égale distance de sa plus grande hauteur ou du moment de midi, puisqu'il monte et descend par un mouvement uniforme. Je tire donc du centre une ligne droite qui passe à une égale distance des deux points trouvés : cette ligne sera la Méridienne cherchée.

135. On peut encore tracer cette Méridienne par le moyen de l'étoile polaire (3).

On a observé que l'étoile polaire, dix minutes environ avant son passage au méridien , est perpendiculaire à l'étoile C, la plus voisine du carré de la Grande-Ourse (fig. I). Si donc, au moment du passage de l'étoile polaire au méridien, je suspends deux fils à-plomb à quelque distance l'un de l'autre, et que je les dirige vers cette étoile, les deux fils me donneront sur le pavé la direction de la Méridienne.

On peut encore tracer cette Méridienne d'une troisième manière, aussi sûre qu'elle est simple et facile. Mais cette opération ne peut avoir lieu qu'aux jours des équinoxes. On a observé que l'ombre du Soleil, ces jours-là, décrit du matin au soir une ligne droite dans la direction de l'est à l'ouest, et par conséquent perpendiculaire à celle qui seroit dirigée du nord au sud (134). Cela supposé, le 20 ou 21 Mars, ou bien le 22 ou 23 Septembre (21), j'élève un style perpendiculaire sur un plan bien horizontal et immobile ; à deux différentes heures quelconques de la journée, je marque les deux points du plan où tombe le sommet de l'ombre : je tire une ligne par ces deux points ; et, à tel point de cette ligne que je veux, je trace une perpendiculaire qui sera la Méridienne cherchée.

136. PROBLÈME II. Construire un cadran horizontal pour un lieu quelconque.

R. Je tire la ligne indéfinie CE (fig. IX.) qui passera par le centre C du cadran, et qui sera la ligne de midi. Par le centre C, je tire la ligne VI VI perpendiculaire à CE ; ce sera la ligne de 6 heures, parce que le cercle horaire de six heures est perpendiculaire à celui de midi. Par le point N pris à volonté sur CE, je tire la ligne horizontale indéfinie FG. Du centre C, je tire la ligne CM qui fasse avec la ligne CE l'angle de la hauteur du Pôle : ce sera le style, lorsqu'il sera élevé sur le plan du cadran de manière à former le même angle. Du point N, je tire sur CM la perpendiculaire NV qui fera avec CN un angle égal à la hauteur de l'Equateur. Cette ligne

NV est le demi-diamètre de l'Equateur. Sur la ligne indéfinie CE, je prends NE égale à NV; et du point E comme centre, à l'intervalle EN, je décris le demi-Equateur RNS semblable au demi-Equateur AEB de la figure VIII. Je divise RNS de 15° en 15°; et du centre E je tire par chaque point de division des lignes ponctuées qui aboutissent à l'horizontale FG semblable à l'horizontale FG de la fig. VIII. Les différens points de rencontre me donneront les différentes heures du jour, depuis 7 heures du matin jusqu'à 5 heures du soir; et les lignes horaires seront celles qui partiront du centre du Cadran pour aboutir aux points de rencontre sur la ligne FG. Les lignes de 7 et de 8 heures du matin, prolongées au delà du centre C, donneront les lignes de 7 et 8 heures du soir. Cela fait, j'élève le style, et je pose le Cadran, de sorte que la ligne CN soit placée sur une méridienne, que le point C regarde le midi, et le point N le nord.

Ce Cadran se trace d'abord sur le papier; on l'applique ensuite sur le plan qu'on a choisi; et l'on ne trace sur ce plan que les lignes horaires, que l'on renferme dans un contour carré ou circulaire. Si l'on veut avoir les demi-heures, il faut diviser le demi-Equateur RNS de 7° 30′ en 7° 30′. Les heures du matin se marquent à l'occident, et celles du soir à l'orient du Cadran.

137. PROBLÈME III. Tracer un Cadran *vertical*, c'est-à-dire un Cadran sur un̶ ̶̶̶̶̶̶̶̶.

R. Je prends un Cadran mobile, fait selon la méthode du problème précédent, je le pose horizontalement sur une méridienne, tout près du mur, et à la hauteur où je veux avoir un Cadran vertical. Le style prolongé mentalement ira aboutir à un point du mur; c'est à ce point que je fixerai le style du

Cadran vertical, de sorte qu'il soit exactement parallèle à celui du Cadran horizontal. Je marque de même les points du mur où iroient aboutir les lignes horaires du Cadran horizontal, si on les prolongeoit. Les lignes tirées de chacun de ces points à celui où est planté le nouveau style, seront les lignes horaires du Cadran vertical ; dès lors il donnera l'heure avec autant de précision que le Cadran horizontal. On peut toujours employer cette méthode, soit que le mur se trouve exactement perpendiculaire au Méridien du lieu, soit qu'il décline à l'orient ou à l'occident.

DE LA TERRE.

138. La Terre a la forme d'un globe : il n'en faut pas d'autre preuve que les éclipses, où son ombre paroît toujours circulaire sur le disque de la Lune. Pour connoître la grosseur du globe terrestre, on a observé qu'à midi le Soleil étoit d'un degré plus bas à Amiens qu'à Paris ; d'où l'on a conclu que la Terre avoit un degré de courbure depuis Paris jusqu'à Amiens. Or cette distance mesurée du midi au nord, s'est trouvée de 25 lieues chacune de 2283 toises ; d'où il suit que la circonférence entière ou le tour de la Terre est de 9000 lieues ; car 25 fois 360 font 9000.

La surface de la ▬▬ est de 26 millions de lieues carrées, son volume est de 12 milliards 400 millions de lieues cubes ; enfin son poids seroit exprimé par le nombre de 444 suivi de 22 zéros.

139. La différence du *Niveau*, ou l'abaissement du niveau vrai au dessous du niveau apparent, est un effet nécessaire de la rondeur ou de la courbure

de la Terre. Le niveau apparent, pour le point O
(fig IV), est sur une ligne droite OA perpendiculaire au fil à-plomb OT ; mais le niveau vrai est, sur
le cercle terrestre OD, d'autant plus abaissé au dessous du niveau apparent OA, que l'objet observé est
plus éloigné du point O où l'on suppose l'observateur. La différence entre les deux niveaux croît
comme le carré des distances. Si donc elle est de
11 pouces pour 1000 toises , elle sera quadruple,
c'est-à-dire de 44 pouces pour 2000 toises. D'après
cela , il est facile de la calculer pour toutes sortes de
distances, en disant : Le carré de 1000 toises est à
onze pouces, ce que le carré de telle autre distance
est au nombre de pouces dont le niveau vrai est au
dessous du niveau apparent.

140. La Terre décrivant une ellipse dans sa course
annuelle, aussi bien que les autres Planètes, son
mouvement est plus ou moins rapide, selon qu'elle
est plus ou moins proche du Soleil (129) ; c'est
pourquoi il y a tantôt plus, tantôt moins de 24 heures
d'un midi à l'autre, sur le cadran solaire. Les heures
marquées par le Soleil sont ce qu'on appelle le *temps
vrai*. Le *temps moyen* est celui que donne une pendule parfaitement bien réglée. Elle ne s'accorde avec
le Soleil que quatre jours de l'année, le 24 décembre,
le 15 avril, le 15 juin et le 31 août. Le reste du
temps, elle doit s'en écarter en plus ou en moins ; et
la différence entre l'heure du cadran et celle de la
pendule , va jusqu'à un quart d'heure d'avance et
autant de retard.

La table suivante indique l'heure que doit marquer une montre, ou une pendule bien réglée,
lorsqu'il est midi au Soleil. On verra, que si, le
1 janvier, par exemple, elle avance sur le Soleil
de 3' 33", elle doit, le 15 du même mois, avancer
de 9' 32", etc.

Le 1 janvier.	12 h.	3′	33″
Le 15	12	9	32
Le 1 février	12	13	53
Le 11	12	14	37
Le 15	12	14	33
Le 1 mars	12	12	39
Le 15	12	9	9
Le 1 avril.	12	3	59
Le 15	12	0	1
Le 1 mai.	11	56	56
Le 15	11	56	2
Le 1 juin.	11	57	25
Le 15	11	59	59
Le 1 juillet	12	3	22
Le 15.	12	5	29
Le 26	12	6	6
Le 1 août.	12	5	56
Le 15.	12	4	10
Le 1 septembre.	11	59	48
Le 15.	11	55	5
Le 1 octobre.	11	49	39
Le 15.	11	45	50
Le 1 novembre.	11	43	45
Le 15	11	44	49
Le 1 décembre	11	49	21
Le 15	11	55	30
Le 24	12	0	0

141, Quoique la Terre ne soit pas toujours à la même distance du Soleil, il ne faut pas croire que ce soit cette différence d'éloignement qui nous donne l'hiver et l'été.

C'est précisément à la fin de Décembre, que la Terre est le plus près du Soleil, tandis qu'au mois de Juin, elle en est de 1200 mille lieues plus éloignée. En tout temps, les hautes montagnes en sont plus voisines que les plaines ; et cependant, si l'on y monte, au fort même de l'été, on y trouve des glaces que les rayons du Soleil ne fondront jamais : que de là, on descende dans les vallées, on y éprouve des chaleurs

chaleurs quelquefois étouffantes. Ce qui fait le chaud et le froid, ce n'est donc pas seulement le plus ou moins de proximité du Soleil; c'est 1.º le temps plus ou moins long qu'il passe sur l'horizon ; 2.º son plus ou moins d'élévation ; 3.º la réunion ou la disposition de ses rayons qui se concentrent et se réfléchissent dans les plaines et plus encore dans les vallées étroites ; tandis que sur les lieux élevés, sur les pointes des montagnes, n'ayant rien qui les retienne, ils s'écartent et se dissipent de toutes parts, etc.

142. Le *Flux* et *Reflux* de la mer est un mouvement régulier, par lequel les eaux de la mer s'élèvent et s'abaissent successivement deux fois chaque jour. Ce mouvement est évidemment produit par la Lune, qui attire et soulève les eaux, en vertu d'une loi à laquelle le Créateur a assujetti tous les corps (93). Chaque jour, quelque temps après le passage de la Lune au Méridien, on voit les eaux de l'Océan s'élever sur nos rivages : il y a des endroits où elles montent jusqu'à 40 pieds. Parvenues à cette hauteur, elles se retirent peu à peu : environ six heures après leur plus grande élévation, elles sont dans leur plus grand abaissement ; après quoi elles remontent de nouveau, lorsque la Lune passe à la partie inférieure du Méridien : en sorte que le flux ou la haute mer, et le reflux ou la basse mer s'observent deux fois en 24 heures, et retardent, comme la Lune, de 48 minutes par jour.

143. C'est ici le lieu de faire quelques réflexions sur la place que la Terre occupe parmi les planètes, sur la disposition de ses parties, et sur la place que nous y occupons nous-mêmes.

La Terre, rapprochée du Soleil, et mise, par exemple, à la place de Mercure, eût éprouvé des chaleurs capables de dessécher l'Océan et de fondre

H

jusqu'aux métaux ; à la place de Saturne ou d'Uranus, elle eût été couverte de glaces éternelles. Privée de la Lune, toutes ses nuits eussent été noires et profondes. Dénuée de son atmosphère, c'est-à-dire de l'air qui l'environne, elle n'eût pas joui du spectacle ravissant de l'aurore et du crépuscule ; elle eût passé en un instant des ténèbres de la nuit à l'éclat du grand jour, et de la lumière la plus vive à l'obscurité la plus épaisse : le voyageur en retard se seroit trouvé surpris tout à coup par la nuit au milieu des campagnes. Plus voisines de la Terre, les étoiles et les planètes auroient, par la réunion de tant de feux, changé toutes ses nuits en jours, et troublé le repos de la nature ; plus éloignées, elles n'eussent point été aperçues ; et le pilote errant sur les mers, eût manqué d'un signe pour guider son vaisseau dans les ténèbres. La Physique nous démontre que la Terre est attirée vers le Soleil, précisément comme une pierre est attirée vers le centre de la Terre (93) : si donc le mouvement de la Terre venoit à se ralentir, elle se rapprocheroit du Soleil, et finiroit par s'y précipiter : si au contraire le Soleil cessoit de l'attirer, ou que quelque autre cause accélérât sa marche, elle s'échapperoit de son orbite, comme une pierre s'échappe de la fronde, et iroit se perdre à une distance infinie de l'astre qui l'éclaire et l'échauffe de ses rayons. De même, un peu moins de régularité dans la marche des planètes et des comètes, un peu moins de variété dans leurs distances, elles pourroient se rencontrer, se choquer, se briser les unes contre les autres. Quelle est donc la main qui les a lancées, et qui les dirige avec tant de justesse depuis 6000 ans !

144. Ne nous lassons pas de considérer la sagesse et la bonté du Créateur dans l'ordre de la Nature

Supposez la Terre plus dure qu'elle ne l'est, le cultivateur n'auroit pu l'ouvrir, et lui confier l'espérance de la récolte : supposez-la plus molle, elle n'eût pu nous porter, nous n'eussions osé faire un pas sans risquer d'être engloutis. Otez-lui ces inégalités, ces montagnes que nous remarquons jusque dans les autres planètes ; dès lors plus de sources pour les rivières, plus d'écoulement pour les eaux, plus de rivages pour la mer : la moindre inondation eût menacé le globe entier, ou plutôt, le globe entier n'eût jamais été qu'un vaste marais.

145. A ces traits généraux d'une bonté toute paternelle qui éclate sur la Terre, ajoutons que le Créateur ne nous a placés nous autres, ni dans la zône torride, ni dans les zônes glaciales, ni dans un désert aride et sauvage, mais dans la plus belle des zônes tempérées, et précisément au milieu de cette zône, dans le climat le plus doux, dans la contrée la plus fertile, et ce qu'il est impossible de ne pas remarquer ici, dans le centre de la vraie Religion. Concluons donc que de toutes les planètes, la Terre occupe la position la plus favorable à tous égards ; qu'elle réunit des avantages bien précieux en faveur de ses habitans ; que sur cette Terre nous sommes en possession du point le plus agréable, le plus commode, le plus avantageux ; et que par conséquent, si toutes les créatures sont tenues de célébrer les bienfaits de leur Auteur, le privilége de notre situation nous impose une obligation nouvelle de le bénir avec plus de zèle, et de le servir avec plus de fidélité.

DES CARTES GÉOGRAPHIQUES.

146. Une Carte géographique est une figure plane,
qui représente les situations respectives des différentes parties de la Terre, telles qu'elles paroîtroient à
l'œil placé à une certaine distance.

Pour me former une idée des principes sur lesquels
est fondée la construction des Cartes, je suppose que,
dans une Sphère, le plan de l'Equateur soit une
glace transparente, qui partage la sphère en deux
parties égales. Je place l'œil à l'un des Pôles, par
exemple, au Pôle austral; et de là, je vois, à travers
la glace, tous les cercles de l'hémisphère boréal
répondre à différens points de cette glace : si je les
y trace tels que je les vois, j'aurai sur une surface
plane la projection, c'est-à-dire, la représentation
d'une surface sphérique, dont le centre sera le Pôle
boréal entouré des parallèles, et de l'Equateur lui-
même qui les renferme tous: pour les Méridiens,
ils formeront des lignes droites, qui toutes se couperont au centre, et aboutiront à l'Equateur, dont ils
seront comme les diamètres.

147. PROBLÈME I. Tirer une ligne parallèle à une
autre (*o*).

R. Soit la ligne A B (fig. X) à laquelle on demande une parallèle qui passe au point C. De ce
point C, je décris un petit arc D qui rase la ligne
A B ; puis avec la même ouverture de compas, d'un
point E pris à volonté sur la ligne A B, je décris le

(*o*) La pratique de ce problème et des sept suivans est
nécessaire pour tracer des cartes géographiques avec justesse
et propreté.

petit arc F : la ligne tirée par le point C et rasant l'arc F, sera la parallèle demandée.

148. PROBLÈME II. Trouver le milieu d'une ligne telle que A B (fig. XI), et y élever une perpendiculaire.

R. Du point A, je trace l'arc C ; du point B et de la même ouverture de compas, je trace l'arc D, de manière qu'il coupe l'arc C. Je trace encore, d'abord du point A, puis du point B, deux autres arcs E et F ; ou bien, s'il n'y a pas d'espace sous AB, deux autres arcs K et L. Par les deux points où se coupent les quatre arcs, je tire la ligne GH ; le point d'intersection I est le milieu de la ligne AB, et la ligne GH est perpendiculaire sur la même ligne.

149. PROBLÈME III. Elever une perpendiculaire à tel point que l'on voudra de la ligne indéfinie AB, par exemple, au point O (fig. XI).

R. Je prends à volonté trois points M, I, N, également éloignés l'un de l'autre, sur la ligne AB, de sorte que le point I soit le milieu de MN. J'élève une perpendiculaire GI selon la méthode du problème précédent. Puis je porte l'ouverture de compas IO au point G, d'où je décris le petit arc P : ensuite, par les points O P, je tire la ligne OP parallèle à G I et par conséquent perpendiculaire sur AB au point O.

150. PROBLÈME IV. Trouver une quatrième ligne, proportionnelle à trois autres.

R. 1.º Soient les trois lignes OP, OR et OS, (fig. XII). On demande une quatrième ligne qui ait avec OS le même rapport qu'il y a entre OR et OP ; une ligne qui soit, par exemple, le tiers ou le quart de OS, si OR est le tiers ou le quart de OP. Pour y parvenir, je joins ensemble les lignes OP et OR, de manière qu'elles fassent un angle quelconque au point O. Je tire par les deux extrémités la ligne RP ; puis sur la ligne OP, je prends la longueur de la troisième ligne OS ; enfin, du point S je tire la ligne ST parallèle à PR. La ligne OT sera la quatrième proportionnelle aux trois autres : il y aura entre OT et OS le même rapport qu'il y a entre OR et OP.

2.º Si l'on me demande une quatrième qui soit à AB comme AC est à AD (fig. XIII), je forme un angle avec les lignes AC et AD, et je tire par les deux extrémités la ligne DC. Puis je porte la ligne AB sur la ligne AD qui se prolonge alors jusqu'en B ; je prolonge de même indéfiniment la ligne AC ; enfin du point B je tire BE parallèle à DC. La ligne AE sera la quatrième proportionnelle aux trois autres.

151. PROBLÈME V. Former un carré avec une ou deux lignes données.

R. 1.º Si l'on me donne la seule ligne AB (fig. XIV), j'élève au point A la perpendiculaire AC égale à AB. Puis du point B et d'une ouverture de compas égale à AB, je décris le petit arc D ; de la même ouverture et du point C, je décris le petit arc E : enfin, je tire au point d'intersection des deux arcs les lignes CF et BF, ce qui forme le carré demandé.

2.º Si l'on me donne deux lignes inégales, telles que AB et BC (fig. XV), j'élève BC perpendiculairement sur AB au point B. Puis d'une ouverture de compas égale à BC, et du point A, je décris le petit arc D ; d'une ouverture de compas égale à AB, et du point C, je décris un autre petit arc E : enfin, je tire, au point d'intersection des deux arcs, les lignes AG et CG.

152. PROBLÈME VI. Faire passer une circonférence par trois points donnés.

R. Soient les trois points A, B et D par où il faut faire passer une circonférence (fig. XVI). Je tire les lignes AB et BD. Sur le milieu de AB, j'élève la perpendiculaire EF ; sur le milieu de la ligne BD, j'élève une autre perpendiculaire GH. Le point C où se coupent les perpendiculaires, est le centre d'un cercle qui passera par les trois points donnés.

153. PROBLÈME VII. Diviser une ligne en parties semblables à celles d'une autre.

R. Soit la ligne AB (fig. XVII) que l'on veut partager en trois parties semblables à celles de la ligne CD. Je place les deux lignes parallèlement à quelque distance l'une de l'autre ; puis je tire par les points C et D, deux lignes qui, passant l'une par le point A et l'autre par le point B, vont se réunir au point O. De ce point O, je tire aux points de division E et L, des lignes qui coupent AB en trois parties semblables à celles de CD. On opéreroit de même pour diviser CD en parties semblables à celles de AB

154. PROBLÈME VIII. Trouver telle partie que l'on voudra d'une ligne.

R. Soit la ligne AB (fig. XVIII) dont on demande, par exemple, la septième partie. Je tire une ligne indéfinie CK, sur laquelle promenant le compas ouvert à volonté, je marque sept parties égales entre elles comme CD, DE, etc. : je place la ligne AB parallèlement à la ligne CK. Puis, après l'avoir divisée comme dans le problème précédent, j'en prends la septième partie telle que AI.

155. PROBLÈME. IX. Construire une Carte dont le Pôle soit le centre.

R. Du point R pris pour le Pôle (fig. XIX), je décris le cercle ABCD qui sera l'Equateur ; et je donne à ce cercle la grandeur que je veux donner à la Carte. Je divise l'Équateur de 10° en 10° ou de 15° en 15°, et je tire des lignes droites du centre à chaque point de division : ce seront les Méridiens

Du point D, je tire aux points de division du quart
de cercle BC, des droites occultes DF, DG, etc. ; et
je marque les points H, I, etc., où ces lignes coupent
le demi-diamètre PC : enfin, du centre P, je décris
différens cercles qui passent par les points de division
marqués sur P C ; ces cercles seront les parallèles.
Cela fait, je trace sur la Carte les divers pays selon
leurs degrés de longitude et de latitude. Pour l'Ecliptique, elle passera par les points D et B de l'Equateur, et par le point L de la ligne AP, coupée
par la ligne occulte tirée du point D au point E à
23° 28′ du point A.

On peut, par cette méthode, représenter dans une
Carte presque toute la Terre, en plaçant l'œil dans
un Pôle, et prenant pour plan de projection, non
plus l'Equateur, mais un cercle voisin de ce Pôle.
Il ne faut que prolonger les méridiens, et achever
l'Ecliptique. Pour les parallèles, par exemple, celui
qui doit être à 15° de l'Equateur en dehors, je tire
du point D sur le diamètre AC prolongé indéfiniment,
une droite occulte qui passe par le point M à 15° du
point C. Le point O où elle ira aboutir sera celui
par où passera le parallèle demandé.

156. Problème X. Construire une Carte sur le
plan du premier Méridien.

R. Du point P pris pour centre (fig. XX), je décris
le cercle ABCD, de la grandeur que je veux donner
à la Carte, et qui sera le premier Méridien. Par les
points A et C que je prends pour Pôles, je tire le
Méridien A P C qui sera à 90 degrés des points D
et B. Par ces points D et B, et par le centre P, je
tire la ligne B P D qui sera l'Equateur. Je divise le
cercle ABCD de 10° en 10° ou de 15° en 15° à
volonté ; puis du Pôle A je tire des lignes occultes à
toutes les divisions du demi-cercle BCD, et je

marque tous les points où ces lignes coupent l'Equateur BD. Ensuite du point D, je tire de même des lignes occultes à toutes les divisions du demi-cercle ABC, et je marque tous les points où ces lignes coupent le Méridien AC. Cela fait, par les points A et C, et par chacune des divisions faites sur l'Equateur BD, je décris des arcs de cercles qui seront les Méridiens divisés de 15° en 15° ou de 10° en 10°, à compter sur l'Equateur du point D qui sera 0°, jusqu'au point B qui sera 180°. Puis par chaque division du quart de Méridien PC et par les divisions correspondantes des quarts de cercles DC et BC, je décris des arcs qui seront les parallèles à l'Equateur : j'en fais autant aux deux autres quarts de cercles AB et AD. Ces parallèles seront à 10° ou à 15° les uns des autres, à compter des points de l'Equateur B et D où il y aura 0°, jusqu'aux Pôles A et C qui seront marqués 90°.

157. PROBLÈME XI. Une ligne quelconque OS (fig. XXI) étant donnée pour représenter la valeur d'un degré du Méridien, trouver une autre ligne qui représente la valeur d'un degré d'un parallèle à telle latitude que l'on voudra, par exemple, à 45° de l'Equateur.

R. On sait que les degrés du Méridien, c'est-à-dire, les degrés de latitude, sont égaux entre eux, et qu'ils ont chacun 25 lieues ou 57,000 toises. On sait encore que les degrés de longitude n'ont 25 lieues que sous l'Equateur, mais qu'ils deviennent d'autant plus petits, qu'ils se comptent sur des parallèles plus éloignés de l'Equateur. Soit donc la Table suivante qui présente en toises et en lieues la valeur du degré des parallèles à différentes latitudes, à compter depuis l'Equateur où le degré vaut 25 lieues, jusques au Pôle où il se réduit à 0.

LATITUDE.	DEGRÉS DE LONGITUDE		
	en lieues.		en toises.
0	25	. . . . . .	57,000.
10	24	3 quarts.	56,400.
15	24	1 quart.	55,300.
20	23	3 quarts.	54,000.
25	22	4 cinquièmes.	52,000.
30	21	4 cinquièmes.	49,600.
35	20	3 cinquièmes.	47,000.
40	19	1 tiers.	44,000.
45	18	1 sixième.	40,600.
50	16	1 quart.	37,000.
55	14	et demie.	33,000.
60	12	1 quart.	28,800.
65 :	10 .	3 cinquièmes.	24,300.
70 . . . . ·	8	et demie.	19,700.
75	6	et demie.	14,900.
80	4	et demie.	10,000.
85	1	1 quart.	5,000.
90	0	. . . .	0.

Soit encore l'échelle OP (fig. XXI), divisée en
25 lieues, et valant par conséquent un degré de
l'Equateur ou du Méridien. Je vois par la Table précédente, que le degré d'un parallèle à 45 degrés de
l'Equateur, est de 18 lieues $\frac{1}{6}$. Je prends donc sur
l'échelle OP la ligne OR égale à 18 lieues $\frac{1}{6}$. Puis je
dis : Si OP donne OR, quelle ligne donnera OS?
La ligne cherchée se trouvera OT par le problème
IV. C'est-à-dire que si OS représente 25 lieues, OT
en représentera 18. Si l'on avoit supposé OS valeur
de 5° du Méridien, j'aurois trouvé par la même
opération, OT valeur de 5° du parallèle.

158. PROBLÈME XII. Construire une Carte rectiligne semblable et égale à une autre.

R. Soit la Carte ABCD (fig. XXII) dont on

demande une copie. Je forme, avec les deux lignes CD et AC, le carré EFGH, égal au carré AB CD, selon la méthode du problème V. Puis je porte les divisions de AC sur EF, celles de CD sur FG, etc. Enfin, je tire des lignes droites à tous les points de division, et je marque les degrés de longitude et de latitude. Alors il n'y a plus qu'à tracer, sur la copie, les pays tels que les représente le modèle.

159. PROBLÈME XIII. Construire une Carte rectiligne, dont les dimensions soient le tiers, ou le quart, ou le double, ou le triple, etc. d'une autre.

R. Soit la Carte ABCD (fig. XXII) dont on demande une copie dont les dimensions soient, par exemple, le tiers de celles du modèle. Je cherche par le problème VIII, le tiers d'une des divisions de la base CD. Je porte ce tiers sur la ligne indéfinie OP, autant de fois qu'il faut pour donner à OP un nombre de parties égal à celui des parties de CD : et pour cela, je pars d'une perpendiculaire tirée du milieu de OP, s'il y en a une sur le milieu de CD. Sinon, je porte les divisions sur OP, à compter du point O. J'en fais autant pour la ligne MN, où je porte les divisions de AB réduites au tiers ; et pour les lignes MO et NP, où je porte les divisions de AC ou de BD. S'il y a dans le modèle quelque division moindre que les autres, comme CX ou YD, j'en prends également le tiers, que je porte aux endroits correspondans de la copie.

160. PROBLÈME XIV. Tirer la copie d'un modèle qui n'a ni méridiens ni parallèles.

R. Soit la carte BCDF dans laquelle on n'a tracé ni méridiens ni parallèles (fig. XXIII), et dont on demande une copie. Je divise les quatre côtés du modèle en autant de parties égales que je veux ; et par les points de division, je tire au crayon des lignes légèrement marquées, qui forment sur la surface du modèle un certain nombre de carrés. (Les lignes crayonnées sont représentées, dans la figure, par des lignes ponctuées). Je forme ensuite, d'après les règles données dans les problèmes précédens, un carré de la grandeur requise et semblable à celui du modèle. J'en divise les dimensions en parties semblables à celles du modèle ; ce qui forme autant de carrés plus ou moins grands que ceux du modèle, mais semblables et en nombre égal. Cela fait, il est facile de tracer les divers lieux, etc.

161. PROBLÈME XV. Tracer, sans modèle, les dimensions d'une Carte.

R. Si l'on me donne à construire une Carte qui renferme 10° d'une longitude quelconque, et qui s'étende, par exemple, depuis le 39.ᵉ 30′ jusqu'au 45.ᵉ 30′ de latitude, je tire une ligne AB (fig. XXIV) qui servira de base. J'élève vers le milieu une perpendiculaire indéfinie CD ; je divise CD en 6°, de sorte que la première et la dernière division n'aient que moitié des autres, puisqu'il y a deux demi-degrés à placer, l'un au haut, l'autre au bas de CD ; et je tire par ces divisions des lignes indéfinies parallèles à la base. Je cherche ensuite, par le problème XI, quelle sera la longueur d'un degré de longitude au 40.ᵉ de latitude ; et je porte dix fois cette longueur sur le parallèle qui passe par 40° de latitude, à commencer de chaque côté du point où il est coupé par la perpendiculaire du milieu CD : je cherche de même la longueur d'un degré de longitude au 45.ᵉ de latitude ; et je porte cette longueur sur le parallèle qui passe par le 45.ᵉ Cela fait, je tire des lignes du haut en bas à tous les points de division : et des deux derniers qui forment les extrémités de la base

A B , j'élève deux perpendiculaires qui fermeront la Carte par les côtés. S'il se trouve dans le haut de la Carte quelque point de division qui n'ait pas son correspondant au bas de la Carte , tel que pourroit être le point R , je prends sur un parallèle tel que S V , S T égal à T N ; c'est par S que passera le méridien tiré du point R.

Toutes les dimensions de la Carte étant fixées, j'y pourrai tracer tel pays que je voudrai, septentrional ou méridional, pourvu qu'il soit compris entre le 39.ᵉ 30′, et le 45.ᵉ 30′ de latitude , et qu'il n'ait pas plus de 10° d'une longitude quelconque. Remarquez qu'on doit tirer les parallèles et les méridiens ou de degré en degré , ou de 2° en 2° , ou de 5° en 5°, etc., selon la grandeur de la Carte.

162. PROBLÈME XVI. Construire une Carte réduite (fig. XXV).

R. On appelle Carte *réduite* , celle où les Méridiens et les parallèles sont représentés par des lignes droites parallèles entre elles , mais où les degrés des Méridiens sont inégaux entre eux , et croissent toujours à mesure qu'ils approchent du Pôle, dans la même proportion que ceux des parallèles devroient décroître. Ainsi , le degré d'un parallèle à 45° de latitude , qui n'est réellement que de 18 lieues ⅙, occupe cependant sur cette Carte 25 lieues comme celui de l'Equateur. Pour corriger cet excès , on donne au 45.ᵉ du Méridien 35 lieues deux tiers , qui sont à 25 comme 25 est à 18 ⅙. Ainsi, la proportion générale pourra être celle-ci : la longueur réelle du degré d'un parallèle , est à 25, ce que 25, est à la longueur qu'on doit donner au degré correspondant du Méridien dans la Carte réduite. Ce principe suffit pour construire, même sans modèle, cette sorte de Cartes. A la vérité les parties de la Terre y sont représentées toujours croissant du côté des Pôles, et d'une manière tout-à-fait difforme. Mais cela importe peu, parce que les Cartes réduites sont destinées plus particulièrement à l'usage des navigateurs. Elles leur offrent un avantage que n'ont pas les autres Cartes : celui d'y pouvoir représenter par une ligne droite la route que fait un vaisseau en suivant le même vent, route qui dans les autres Cartes est une courbe. D'ailleurs, on a la véritable distance des lieux, pourvu qu'on prenne pour échelle la partie du méridien comprise entre les parallèles qui passent par ces lieux.

FIN.

TABLE

DU

SOMMAIRE GÉOGRAPHIQUE.

TABLE DES MATIÈRES

DU TRAITÉ

DE SPHÈRE ET D'ASTRONOMIE.

PREMIÈRES OBSERVATIONS
FAITES DANS LE CIEL.

CERCLES ET POINTS
DE LA SPHÈRE ARTIFICIELLE ET DU GLOBE TERRESTRE.

(*) Les chiffres arabes n'indiquent pas les pages, mais les articles.

DU SOLEIL, DES PLANÈTES

ET DES COMÈTES.

DE LA LUNE.

FIN DE LA TABLE DES MATIÈRES.

Fig. V

Fig. IV

Fig. III

Fig. I

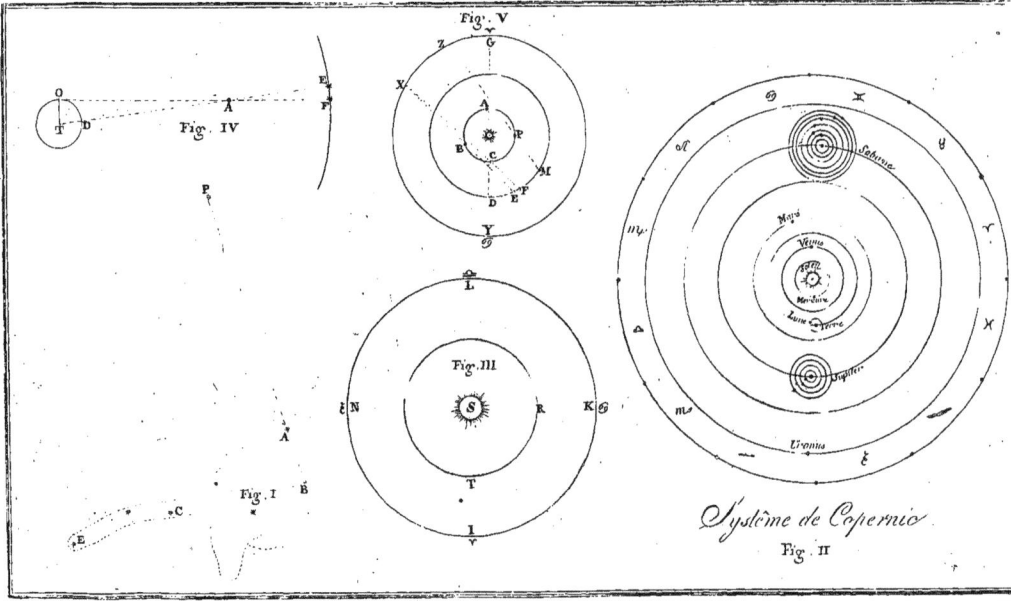

Système de Copernic

Fig. II

N.

Fig. X.

Fig. VI.

Fig. VII.

Fig. VIII.

Fig. IX.

Fig. XI.

Fig. XII.

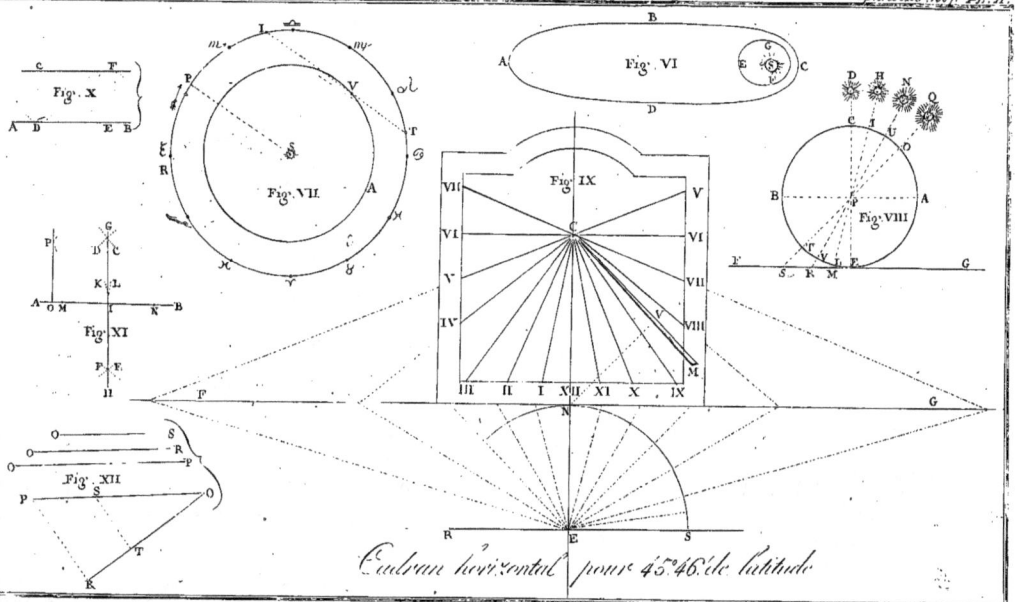

Cadran horizontal pour 45°.46′ de latitude

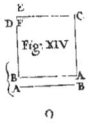

Fig. XIV

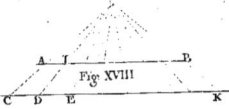

Fig. XVIII

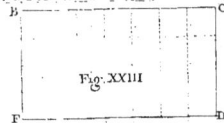

Fig. XXIII

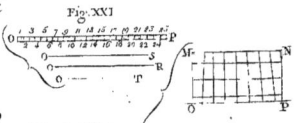

Fig. XXI

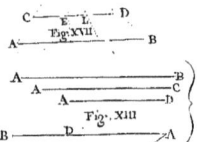

Fig. XVII

Fig. XIII

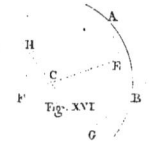

Fig. XVI

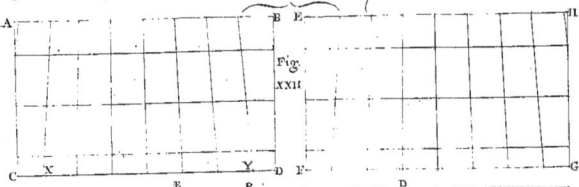

Fig. XXII

Fig. XV

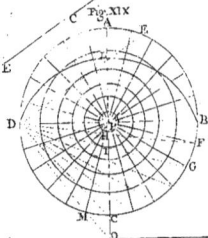

Fig. XIX

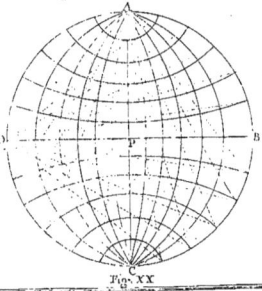

Fig. XX

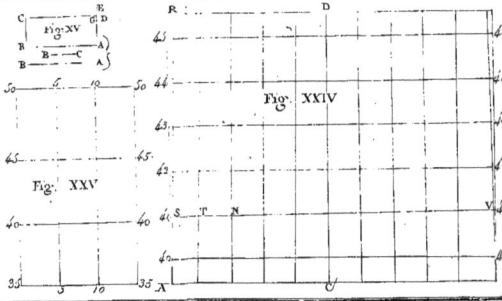

Fig. XXIV

Fig. XXV

www.ingramcontent.com/pod-product-compliance
Lightning Source LLC
Chambersburg PA
CBHW062018200326
41519CB00017B/4835